Rildo Pereira Barbosa

Avaliação de Risco e Impacto Ambiental

1ª Edição

érica

saraiva EDUCAÇÃO | érica

Av. Dra. Ruth Cardoso, 7221, 1º Andar, Setor B
Pinheiros – São Paulo – SP – CEP: 05425-902

SAC | Dúvidas referente a conteúdo editorial, material de apoio e reclamações:
sac.sets@somoseducacao.com.br

Direção executiva Flávia Alves Bravin
Direção editorial Renata Pascual Müller
Gerência editorial Rita de Cássia S. Puoço
Editora de aquisições Rosana Ap. Alves dos Santos
Editoras Paula Hercy Cardoso Craveiro
Silvia Campos Ferreira
Assistente editorial Rafael Henrique Lima Fulanetti
Produtor editorial Laudemir Marinho dos Santos
Serviços editoriais Juliana Bojczuk Fermino
Kelli Priscila Pinto
Marília Cordeiro

Preparação e revisão de texto Davi Miranda
Capa Maurício S. de França
Diagramação Villa d'Artes Soluções Gráficas
Produção digital Alline Bullara
Impressão e acabamento

DADOS INTERNACIONAIS DE CATALOGAÇÃO NA PUBLICAÇÃO (CIP)
(CÂMARA BRASILEIRA DO LIVRO, SP, BRASIL)

Barbosa, Rildo Pereira
Avaliação de risco e impacto ambiental / Rildo Pereira Barbosa. -- 1. ed. -- São Paulo : Érica, 2014.

Bibliografia
ISBN 978-85-365-0803-0

1. Gestão ambiental 2. Impacto ambiental
3. Liçenças ambientais 4. Política ambiental
5. Riscos ambientais I. Título.

14-04555 CDD 304.28

Índices para catálogo sistemático:
1. Avaliação de risco e impacto ambiental : Gestão ambiental 304.28

1ª edição
4ª tiragem: 2019

CO 3712 CL 640572 CAE 585247

Agradecimento

A Deus (claro, sempre em primeiro lugar!).

À minha esposa Teresa e ao meu filho Vítor.

À minha querida mãe Terezinha.

Aos meus amigos e ambientalistas de todo o planeta.

Ao professor e escritor Paulo Barsano.

À Editora Érica, que sempre acreditou no meu trabalho.

À Editora Saraiva, por continuar acreditando nessa parceria.

Rildo Pereira Barbosa

Este livro possui material digital exclusivo

Para enriquecer a experiência de ensino e aprendizagem por meio de seus livros, a Saraiva

Educação oferece materiais de apoio que proporcionam aos leitores a oportunidade de ampliar seus conhecimentos.

Nesta obra, o leitor que é aluno terá acesso ao gabarito das atividades apresentadas ao longo dos capítulos. Para os professores, preparamos um plano de aulas, que o orientará na aplicação do conteúdo em sala de aula.

Para acessá-lo, siga estes passos:

1) Em seu computador, acesse o link: http://somos.in/ARA1

2) Se você já tem uma conta, entre com seu login e senha. Se ainda não tem, faça seu cadastro.

3) Após o login, clique na capa do livro. Pronto! Agora, aproveite o conteúdo extra e bons estudos!

Qualquer dúvida, entre em contato pelo e-mail suportedigital@saraivaconecta.com.br.

Sobre o autor

Rildo Pereira Barbosa, natural de Osasco (SP), é formado em Segurança do Trabalho pelo Instituto Técnico de Barueri, bombeiro civil pelo Centro Profissionalizante de Bombeiros Civis do Estado de São Paulo (CPBCESP) e certificado em Conscientização Ambiental (ISO 14001) e Coleta Seletiva pela Escola de Treinamentos Visão e Ação. Intelectual, autodidata, ambientalista, desenhista e escritor, escreveu em coautoria os livros *Segurança do Trabalho: Guia Prático e Didático; Meio Ambiente: Guia Prático e Didático; Higiene e Segurança do Trabalho; Equipamentos de Segurança; Controle de Riscos; Gestão Ambiental: Guia Prático e Didático; Poluição Ambiental e Saúde Pública; Saúde da Criança e do Adolescente; Evolução e Envelhecimento Humano; Biossegurança: Ações Hospitalares para a Promoção da Saúde; Biologia Ambiental; Legislação Ambiental;* além da participação como desenhista/ilustrador do livro *Segurança do Trabalho para Concurso Público* e especialista em Segurança Patrimonial.

Lista de abreviaturas

ACV - Análise do Ciclo de Vida

ADA - Área Diretamente Afetada

AID - Área de Influência Direta

AII - Área de Influência Indireta

AAF - Árvores de Falhas

APR - Análise Preliminar de Riscos

AAE - Avaliação Ambiental Estratégica

AAI - Avaliação Ambiental Integrada

ADA - Avaliação de Desempenho Ambiental

AIA - Avaliação dos Impactos Ambientais

ANA - Agência Nacional das Águas

APP - Área de Preservação Permanente

BID - Banco Interamericano de Desenvolvimento

BIRD - Banco Mundial

CADRI - Certificado de Destinação de Resíduos Industriais

CETESB - Companhia de Tecnologia de Saneamento Ambiental

CFC - Clorofluorcarbono

CODEVASF - Companhia de Desenvolvimento do Vale São Francisco

CRAD - Centros de Referência em Recuperação de Áreas Degradadas

CONAMA - Conselho Nacional do Meio Ambiente

CNUMAD - Conferência das Nações Unidas sobre o Meio Ambiente e Desenvolvimento

CONMETRO - Conselho Nacional de Metrologia, Normalização e Qualidade Industrial

CNUMAD - Conferência das Nações Unidas sobre Meio Ambiente e Desenvolvimento

CDB - Convenção sobre Diversidade Biológica

DAEE - Departamento de Água e Energia Elétrica

DBO - Demanda Bioquímica do Oxigênio

DQO - Demanda Química do Oxigênio

DDT - Diclorodifeniltricloroetano

DOF - Documento de Origem Florestal

EPE - Empresa de Pesquisa Energética

EIA - Estudo dos Impactos Ambientais

FEBRABAN - Federação Brasileira de Bancos

GEE - Gases de Efeito Estufa

Hazop - Hazard and Operability Studies

HCB - Hexaclorobenzeno

IBAMA - Instituto Brasileiro do Meio Ambiente e dos Recursos Naturais Renováveis

IPCC - Painel Intergovernamental sobre Mudanças Climáticas

ISO - International Organization for Standardization

LI - Licença de Instalação

LO - Licença de Operação

LP - Licença Prévia

MME - Ministério de Minas e Energia

MMA - Ministério do Meio Ambiente

NEPA - National Environmental Policy Act

NBR - Norma Brasileira

ONU - Organização das Nações Unidas

PAE - Plano de Ação de Emergência

PPCS - Plano de Ação para Produção e Consumo Sustentáveis

PMFS - Plano de Manejo Florestal Sustentável

PNMA - Política Nacional do Meio Ambiente

POPs - Poluentes Orgânicos Persistentes

PRAD - Plano de Recuperação de Áreas Degradadas

PREVFOGO - Sistema Nacional de Prevenção e Combate a Incêndios Florestais

PRONABIO - Programa Nacional da Diversidade Biológica

P2R2 - Plano Nacional e Resposta Rápida a Emergências Ambientais

RCA - Relatório de Controle Ambiental

RIMA - Relatório dos Impactos Ambientais

SQA - Secretaria de Qualidade Ambiental nos Assentamentos Humanos

SNGRH - Sistema Nacional de Gerenciamento dos Recursos Hídricos

SNIRH - Sistema Nacional de Informações sobre os Recursos Hídricos

SGA - Sistema de Gestão Ambiental

SISNAMA - Sistema Nacional do Meio Ambiente

TAC - Termo de Ajustamento e Conduta

TIC - Técnica de Incidentes Críticos

WWF - World Wide Fund for Nature

Sumário

Apresentação

Com uma linguagem simples e didática, este livro tem como objetivo introduzir o aluno/leitor ao problema dos impactos ambientais e à sua influência direta e indireta na natureza, sociedade e a economia.

O livro, devidamente ilustrado, é dividido em 6 capítulos, contendo uma abordagem direta e simplificada sobre o assunto, sempre atentando aos aspectos legais das principais leis, resoluções e políticas ambientais vigentes; exemplos didáticos; inserção de curiosidades ao longo dos textos, para a ampliação dos conhecimentos; e exercícios para o reforço do conteúdo apresentado.

A obra é dividida nos seguintes capítulos:

Capítulo 1 - Riscos ambientais: introduz o leitor a questões dos impactos ambientais na sociedade, definições, conceitos, danos ambientais, poluição e degradação ambiental no solo, recursos hídricos, no ar e suas consequências para a biodiversidade, relembrando acidentes ambientais que tiveram grande repercussão no Brasil e no mundo.

Capítulo 2 - Avaliação dos Impactos Ambientais (AIA): trata da importância da avaliação dos impactos ambientais, como instrumento jurídico e ambiental, para a caracterização dos agentes impactantes gerados pelos empreendimentos e atividades potencialmente poluidoras; seus objetivos, conceitos, princípios, diretrizes e a abordagem de suas diretrizes em outras vértices, como a Avaliação Ambiental Estratégica (AAE) e a Avaliação Ambiental Integrada (AAI); e a necessidade da avaliação dos impactos ambientais nos setores produtivos por meio do Sistema de Gestão Ambiental (SGA).

Capítulo 3 - Estudos dos Impactos Ambientais (EIA): neste capítulo veremos um dos principais instrumentos do AIA, que são os Estudos dos Impactos Ambientais (EIA), bem como as garantias constitucionais para o seu desenvolvimento, seus objetivos, conceitos e os aspectos que o regem (ecológicos, legais, sociais, econômicos e principalmente os fundamentos éticos); por fim, abordam-se os principais tópicos que compõem seu formato, como descrição dos empreendimentos, área de influência, diagnósticos dos fatores ambientais, análises, medidas mitigadoras, programas de controle ambiental e de monitoramento.

Capítulo 4 - Análises ambientais: neste capítulo são abordadas as metodologias de avaliação e análise dos impactos ambientais, suas diferenças e semelhanças, os critérios para a escolha e objetivos. Veremos os métodos mais conhecidos, como *ad hoc, checklist,* matrizes de interação, redes de interação, superposição de mapas, métodos de simulação e combinação de métodos. Conheceremos também os principais métodos de análises de riscos, como a árvore de falhas, consequências e vulnerabilidades, o PDCA, a significância dos riscos ambientais; finalmente, encerramos abordando o documento final para a avaliação dos impactos ambientais, isto é, o Relatório dos Impactos Ambientais (RIMA), seus aspectos legais e as atividades que requeiram este e outros instrumentos ambientais.

Capítulo 5 - Licenciamento ambiental: o licenciamento ambiental é o documento que autoriza a implementação, a instalação e o funcionamento dos empreendimentos e das atividades poluidoras; veremos neste capítulo os objetivos, critérios, procedimentos, documentos e as fases para a sua obtenção, amparados pela Resolução Conama nº 237/97, bem como alguns exemplos de setores produtivos e de serviços, que devem requerer o licenciamento para a regularização de suas atividades. Também conheceremos atividades que necessitam de autorizações ambientais para sua execução, como o uso do fogo controlado, o uso alternativo do solo e a outorga da água, entre outros, com destaque para a Política Nacional de Recursos Hídricos (Lei nº 9.433/97).

Capítulo 6 - Recuperações ambientais: neste último capítulo, veremos a necessidade de implementar medidas mitigadoras e programas de controle, recuperação e restauração ambiental, suas diferenças e semelhanças, seus objetivos e conceitos; o Plano de Recuperação de Áreas Degradadas (PRAD); recuperação ambiental de APP; reserva legal; áreas de preservação urbana; alguns exemplos de degradação ambiental, assim como de recuperação e controle ambiental, como nas atividades de mineração; temas sobre assoreamento, matas ciliares, restingas e manguezais; por fim, abordam-se emergências ambientais e transportes de produtos perigosos.

Boa leitura!

O autor

1

Riscos Ambientais

Para começar

Os impactos ambientais acontecem desde o advento da humanidade, e o meio ambiente foi sendo alterado por meio de ações antrópicas, para a obtenção de conquistas sociais e de desenvolvimento tecnológico, porém, sem analisar devidamente os seus efeitos. Neste primeiro capítulo, conheceremos esses impactos ambientais e seus efeitos no solo, na água, no ar e no meio biótico, os tipos de danos ambientais, as tristes consequências para o meio ambiente e a sociedade em caso de acidentes ambientais.

1.1 Impactos ambientais: definições e conceitos

Nossa sociedade é fruto de ações em vários segmentos da atuação humana (social, econômica, política e cultural), e o legado decorrente destas atividades será correspondente aos esforços desprendidos em sua implementação, como planejamento, organização, aprimoramento, comprometimento, informação e outras tantas variáveis que sejam necessárias para o alcance de um desenvolvimento pleno, no qual o aspecto ambiental nem sempre foi inserido.

O crescimento populacional nos centros urbanos em razão do êxodo rural e de outras migrações regionais, a busca de melhorias na qualidade de vida e a competitividade produtiva das corporações industriais são a tônica da insustentabilidade do desenvolvimento desenfreado de nossa sociedade, que, na ausência de uma gestão eficiente dos serviços públicos básicos e a falta de atenção à questão ambiental, vem comprometendo há anos uma melhor maximização dos recursos naturais e de preservação ambiental.

E os seus impactos para a natureza e o homem?

Variam, de acordo com os objetivos traçados e as medidas aplicadas para o alcance dos resultados esperados, nos quais deverão ser avaliadas as consequências decorrentes das ações humanas no meio ambiente e porque foram geradas, ou seja, estudar previamente a causa e o efeito das alterações inseridas na natureza, na economia, na sociedade, entre outros fatores relevantes.

Mas o que é impacto ambiental?

Ao se falar em impacto, tem-se a impressão de algo repentino, casual, inesperado, quase uma fatalidade, dependendo do contexto em que é utilizado o termo (uma colisão, um acontecimento, choque de dois corpos etc.); em se tratando de meio ambiente, a abordagem é outra e, de acordo com a Resolução Conama nº 001/86, o impacto ambiental é definido como:

> ... Qualquer alteração das propriedades físicas, químicas e biológicas do meio ambiente, causada por qualquer forma de matéria ou energia resultante das atividades humanas que, direta ou indiretamente, afetam:
>
> I - A saúde, a segurança e o bem-estar da população;
>
> II - As atividades sociais e econômicas;
>
> III - A biota;
>
> IV - As condições estéticas e sanitárias do meio ambiente;
>
> V - A qualidade dos recursos ambientais.

Figura 1.1 - A água é um dos recursos naturais que mais sofrem impactos ambientais negativos no mundo, em virtude da falsa crença de que se trata de uma reserva infinita; o custo econômico para a sua recuperação ambiental é incalculável, pois também envolve aspectos sociais e culturais que muitas vezes são irreversíveis.

A alteração das características do meio ambiente não é um fato novo; pelo contrário, sempre esteve presente no decorrer de nossa história e, de certo modo, fez-se necessária para que o homem conquistasse seus anseios materiais e sociais de crescimento; porém, o problema consiste em como, quanto e até que limite essas intervenções antrópicas podem ser realizadas sem causar desequilíbrio ecológico, o que pode ocorrer em vários aspectos diferentes, como:

- Saturação na exploração dos recursos naturais (madeira, água, minérios etc.).
- Destruição de ecossistemas em razão da poluição ambiental gerada por setores produtivos ou sociedade civil (consumo, negligência ou falta de educação ambiental).
- Deterioração do ambiente paisagístico natural, dos patrimônios públicos e culturais e de infraestrutura.
- Convulsões sociais por causa de divergências de interesses múltiplos, como conflitos envolvendo a posse de terras e de recursos naturais (indígenas, ruralistas, líderes sindicais e extrativistas, trabalhadores).
- Repercussão negativa dos impactos ambientais em todas as mídias e, consequentemente, perda econômica e de credibilidade comercial e política de empresas e dos governos públicos constituídos.

No entanto, os fundamentos do desenvolvimento sustentável ensinam que é possível a conquista de benefícios concretos na exploração de recursos naturais, bem como de convivência pacífica com a natureza, desde que se estabeleçam limites nas alterações impostas e se garantam esses mesmos direitos às gerações futuras.

"Então, nem todas as alterações feitas pelo homem são nocivas?", deve estar se perguntando o caro leitor.

Bem, para responder essa dúvida, é necessário que se analisem os impactos ambientais sobre outros tópicos conceituais, por meio dos quais veremos que não são as alterações inseridas em nosso meio ambiente que impossibilitam a relação harmoniosa homem-natureza, mas sim como ela é realizada, na abordagem da classificação desses impactos.

1.1.1 Impacto ambiental *versus* dano ambiental

Fonte de discussão no meio acadêmico, o termo impacto ambiental é geralmente usado de forma errônea, pois o senso comum reflete a lógica de que qualquer alteração que o homem possa fazer no meio ambiente é prejudicial, o que não corresponde à verdade, já que estão comprovados os inúmeros benefícios sociais e econômicos que a natureza pode oferecer. A confusão consiste na ausência de uma definição oficial na legislação ambiental e na interpretação equivocada de alguns periódicos informativos que insistem em abordar que todo *impacto ambiental* possa causar *dano ambiental*: são termos distintos.

Para a leitura correta de um impacto ambiental, este deve ser avaliado por meio de análises que possibilitem o estudo de sua relevância em vários fatores pré-definidos (significância, amplitude, valoração, ganhos sociais, aspectos econômicos etc.), isto é, por meio da avaliação multidisciplinar de técnicos e especialistas diversos, integrados à participação dos poderes públicos e à consulta à população civil.

Sem se aprofundar em conceitos do Direito em suas diversas vertentes, o dano corresponde ao prejuízo a um terceiro, e isso se caracteriza como responsabilidade civil do infrator de várias formas; na área ambiental, tal responsabilidade pode ser conseguida com a aplicação das leis vigentes, por meio da recuperação ambiental, da indenização pecuniária, da suspensão de atividades produtivas ou da prisão preventiva e punitiva.

Se, na Resolução Conama nº 001/86, a definição de impacto ambiental deixa margem para dúvidas e interpretações ambíguas, podemos tomar como base o artigo 3º, inciso III, da Lei nº 6938/81, de Política Nacional do Meio Ambiente, na qual a legislação ambiental brasileira entende como danoso ao meio ambiente a:

> [...] poluição e a degradação da qualidade ambiental resultante de atividades que direta ou indiretamente:
>
> a) prejudiquem a saúde, a segurança e o bem-estar da população;
>
> b) criem condições adversas às atividades sociais e econômicas;
>
> c) afetem desfavoravelmente a biota;
>
> d) afetem as condições estéticas ou sanitárias do meio ambiente;
>
> e) lancem matérias ou energia em desacordo com os padrões ambientais estabelecidos.

Entretanto, nos centros doutrinários a abordagem é diferente, pois se entende que impacto, poluição e dano ambiental são conceitos diferentes, uma vez que este último tem como finalidade apontar juridicamente a responsabilidade civil do infrator de acordo com classificação específica que estabeleça seu nexo causal, conforme descreve Leite (2000, p. 98):

» Dano ecológico puro: aquele em que há afetação prejudicial dos elementos naturais do meio ambiente, como fauna e flora, não sendo considerados os elementos ambientais culturais e artificiais;

» Dano ambiental *lato sensu*: são incluídos não somente os bens ambientais naturais, como também os artificiais e culturais, ou seja, a caracterização de dano em bem de natureza imaterial, como aqueles inseridos no patrimônio cultural de um povo;

» Dano ambiental individual: quando se observa um dano que, embora correlacionado ao meio ambiente, esteja relacionado à esfera individual; portanto, estaria aqui analisado como um microbem, no caso, os valores próprios do lesado;

» Dano ambiental de reparabilidade direta: diz respeito a interesses próprios individuais e individuais homogêneos, apenas com reflexos ao meio ambiente considerado como um microbem; se comprovados o dano e o nexo de causalidade, o lesado terá direito a ser indenizado diretamente;

» Dano ambiental de reparabilidade indireta: aquele correlacionado a interesses difusos e coletivos, no qual se tutela o macrobem ambiental, inserido no âmbito dos interesses da coletividade.

Figura 1.2 - Uma das formas de reduzir os danos ambientais locais se passa pelo processo de conscientização ambiental da população para práticas mais sustentáveis de consumo; no Brasil, há o andamento de um Plano de Ação para Produção e Consumo Sustentáveis (PPCS), que trata das diretrizes a serem desenvolvidas pelos poderes públicos em parceria com a iniciativa privada da conciliação sustentável entre a produção e o consumo.

Já na abordagem descrita na Lei nº 6938/81, estão especificados mais claramente os pontos a serem observados para a prevenção de impactos ambientais negativos, decorrentes de profundas alterações por meio da poluição e da degradação ambiental; mas o que significa realmente impacto ambiental negativo? Ou positivo? Seria o homem causador de tantos danos ambientaise de forma tão deliberada?

Vejamos nas próximas linhas os tipos de impactos ambientais e como eles ocorrem.

Fique de olho!

A ISO 14000, responsável pela metodologia de gestão ambiental mais famosa do mundo, ensina que é possível também a obtenção de benefícios na avaliação do impacto ambiental, definido por essa norma como:

"Qualquer modificação do meio ambiente, adversa ou benéfica, que resulte, no todo ou em parte, das atividades, produtos ou serviços de uma organização."

1.1.2 Impacto ambiental positivo

Um impacto ambiental positivo induzido pelo homem deve ser avaliado por meio de valores específicos, os quais devem demonstrar seus efeitos significativos no meio ambiente. Deve-se lembrar que há muitos aspectos a serem considerados, pois seus efeitos podem ocasionar adversidades irreversíveis ao meio ambiente e à população.

Considerando que o desenvolvimento social e produtivo é necessário (e inevitável) para o próprio desenvolvimento humano em seus vários segmentos, a ação antrópica (humana) deve ter sempre como foco as melhorias na qualidade de vida, o que pode ser traduzido no uso racional de recursos naturais, na implementação de empreendimentos que visem a preservação ambiental e outras alterações que tenham como objetivos a conservação e a restauração ecológica.

E que tipos de impactos positivos poderiam representar tais melhorias?

Desenvolvimento de empreendimentos, como as cooperações de catadores de materiais recicláveis; obras de revitalização de áreas degradadas; recuperação de matas ciliares; construção de áreas de preservação ambiental como parques florestais; práticas de proteção do solo; entre outros projetos de recuperação ambiental.

1.1.3 Impacto ambiental negativo

A degradação ambiental e a poluição ocorrem há séculos por meio da civilização, e os motivos são vários, como a falsa crença da eterna renovação dos recursos naturais, o desconhecimento dos potenciais riscos desses eventos ou meramente a prioridade de interesses políticos e econômicos do Estado e dos setores produtivos; só após o advento de estudos pioneiros (como o Clube de Roma, em 1968) ou das primeiras conferências mundiais sobre meio ambiente (como a de Estocolmo, em 1972) começou-se a perceber a real situação do planeta e o seu pleno deterioramento por meio do caos econômico, social e ambiental, vértices principais a serem trabalhados para um desenvolvimento mais sustentável.

Os danos causados pelos impactos ambientais negativos diferem de acordo com a ação que os gerou e basicamente podem ser classificados da seguinte maneira:

» Impacto direto: também conhecido como impacto primário, é assim definido por resultar de uma simples relação de causa e efeito; exemplo: derramamento de petróleo no mar e, consequentemente, poluição das águas e das costas litorâneas.

» Impacto indireto: são os impactos secundários e que ocasionam outras reações em cadeia. Exemplo: os impactos na economia (atividade pesqueira e turismo), social (desemprego) e ambiental (contaminação de fauna e flora) em razão da poluição do mar.

» Impacto local: quando a ação tem efeito negativo no próprio local que a gerou, ou nas imediações; exemplo: emanação de vapores químicos em um laboratório ou a disposição inadequada de resíduos nos setores produtivos.

» Impacto regional: quando o efeito surge em uma localidade regional ou área específica, com probabilidade de impactos a uma coletividade restrita e ao seu redor; exemplo: poluição atmosférica de uma indústria siderúrgica de um parque industrial, ameaçando a saúde pública e os ecossistemas locais.

» Impacto estratégico: quando o impacto causa dano a um recurso ambiental de importância coletiva ou nacional; exemplo: incêndio ou desmatamento em áreas de preservação ambiental, com grande valor econômico, social, ambiental e de interesse cultural e paisagístico, como a Foz do Iguaçu, a Mata Atlântica ou a Amazônia.

Figura 1.3 - Áreas degradadas por pastoreio de gado e expansão do sistema elétrico em região da Mata Atlântica, que, junto com a Amazônia e o Pantanal, são os mais ricos biomas em diversidade de espécies do mundo. Foto: Mato Grosso do Sul (2007).

- Impacto imediato: quando o efeito surge no instante em que se dá a ação; exemplo: a explosão de um caminhão com produtos químicos contaminando o meio ambiente e oferecendo riscos à saúde pública.
- Impacto a médio ou longo prazo: quando o efeito se manifesta após certo tempo da ação; exemplo: doenças respiratórias e queda da qualidade do ar em virtude da poluição atmosférica.
- Impacto temporário: quando o efeito permanece em um determinado tempo; exemplo: os ruídos gerados na construção de um empreendimento.
- Impacto permanente: quando, executada a ação, não há uma perspectiva de cessar seus efeitos; exemplo: os impactos decorrentes de contaminação com materiais radioativos.
- Impacto ambiental irreversível: não há como contornar o dano ambiental causado pelo impacto gerado; exemplo: a extinção de espécies ou de reservas naturais.

Como podemos observar, os impactos negativos variam em sua forma de ocorrência e, para a sua prevenção, diversos requisitos legais devem ser aplicados de acordo com a legislação ambiental e as leis complementares específicas, as quais devem incluir normas de gestão; políticas ambientais; acordos e protocolos internacionais; programas de controle ambiental e outros que implementem medidas mitigadoras contra a poluição e a degradação ambiental; o desenvolvimento sustentável dos setores produtivos; e a inserção da sociedade nesse contexto.

E quais são estas diretrizes legais?

Posteriormente conheceremos algumas das principais leis, normas e resoluções que ditam os objetivos para o desenvolvimento eficaz nas avaliações de riscos dos impactos ambientais; porém, vejamos no próximo subtítulo quais são os fundamentos legais básicos que determinam as diretrizes a serem implementadas para o controle e o monitoramento dos impactos ambientais.

Nivellen77/shutterstock.com

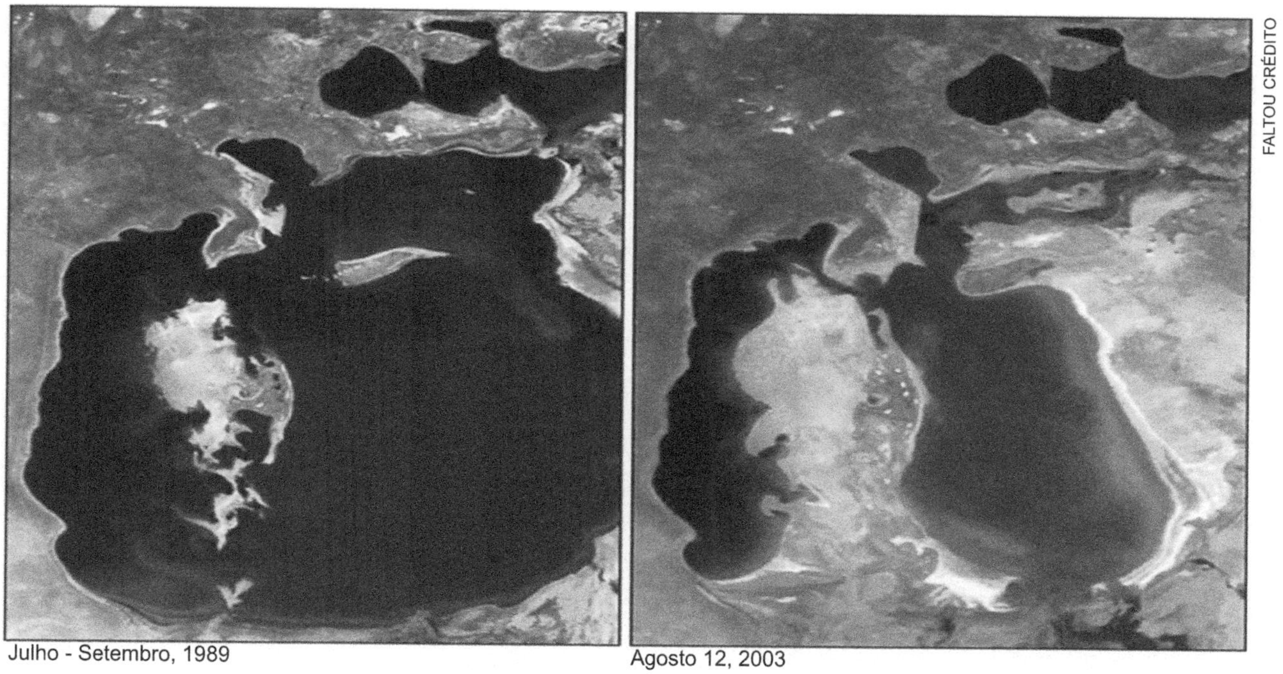

Figura 1.4 - Exemplo de impacto ambiental negativo praticamente irreversível no Cazaquistão, o Mar de Aral, que já foi o 4º maior do mundo e se transformou em um cemitério de navios abandonados. Nas fotos via satélite, podemos verificar seu avançado processo de desertificação: aviso importante para a proteção ambiental no Brasil, que, apesar de sua riqueza ecológica, não está imune a esse tipo de risco.

1.2 Principais impactos ambientais no Brasil

O Brasil é um país de grandes proporções demográficas e, consequentemente, isso refletiu em outros aspectos importantes de seu desenvolvimento, como o alto índice populacional, a competitividade de seus vários segmentos produtivos, o frenesi urbano nas regiões metropolitanas (comércio, trânsito, consumo, tráfego de pessoas etc.), áreas rurais mais próximas dos grandes centros e um turismo cultural e comercial cada vez mais promissor e intenso.

Tradicional fornecedor de recursos naturais em seus vários ciclos históricos, os impactos ambientais se acentuaram não só por causa dos fatores citados, mas também em razão de problemas estruturais no desenvolvimento urbano (saneamento básico, habitação e saúde pública, entre outros), da inércia dos poderes públicos e das frágeis legislações ambientais, que, aliados à ausência de uma cultura ambiental, foram deteriorando o meio ambiente e a qualidade de vida da população.

A grandiosidade ecológica brasileira surpreende por sua biodiversidade e beleza, distribuídos em seus inúmeros recursos hídricos, espécies nativas, ecossistemas diversos, solos abundantes e nos diferentes aspectos climáticos que o compõem; depois de muitos anos colocados à deriva, estudos, avaliações e o monitoramento deste "tesouro nacional" foram sendo implantados para sua preservação e seu beneficiamento sustentável.

Apesar das temáticas ambientais serem de interesse global, cabe a cada país e a seus entes federados avaliarem os impactos gerados em seus perímetros territoriais, já que há peculiaridades de cunhos políticos, sociais e econômicos específicos que devem ser incluídos nos processos de diagnósticos gerais de seus respectivos problemas ambientais.

E no caso específico do Brasil? Em um país com uma das maiores reservas ambientais do mundo (se não a maior), seria natural que houvesse maior preocupação em preservar suas riquezas naturais, para um infinito aproveitamento dos seus benefícios em todos os seus aspectos; mas infelizmente não é o que acontece, e veremos um pouco desse panorama nas próximas linhas.

1.2.1 Poluição do solo e erosão

O solo é grande fonte de riquezas de um país e, no caso específico do Brasil, representa um papel estratégico para a economia nacional, já que se trata de um dos maiores produtores agrícolas do mundo, além de seu beneficiamento na atividade pecuarista (pastagens) e extrativista (madeira, látex, minérios etc.); o grande problema consiste nos impactos gerados por essas atividades produtivas, como o uso excessivo do solo, o desmatamento e um de seus maiores problemas, que é a poluição causada pela disposição inadequada de resíduos sólidos.

Métodos de plantio como a aragem excessiva reduzem a vida útil do solo, pois retiram da superfície terrestre os seus principais nutrientes; em conjunto com técnicas arcaicas, como as queimadas de palha (cultivo da cana), a retirada da vegetação (aumento da exposição do solo aos raios solares) ou a compactação do solo (por causa do grande uso no pastoreio), vão degradando suas caraterísticas naturais e ocasionando outros impactos potenciais como a erosão, a perda da produtividade e a contaminação das águas superficiais e subterrâneas.

Lembre-se

A **erosão** é o desgaste do solo pelo seu uso indiscriminado e imoderado, que, em um processo sem interrupção, pode avançar para um estado de desertificação, anos depois.

Além do "empobrecimento" do solo, a erosão é determinante para impactos ambientais sociais como o deslizamento de encostas em áreas de moradias não planejadas, que, em razão do déficit habitacional e da pobreza econômica da maioria da população, as camadas mais carentes foram ocupando progressivamente, formando as comunidades conhecidas anteriormente como "favelas", sem contar a expansão imobiliária turística e o desenvolvimento de obras de infraestruturas (estradas, ferrovias, aeroportos ou túneis) e outros empreendimentos, que, em um passado não muito distante, não tinham suas avaliações de impacto ambiental (e, principalmente, de seus potenciais riscos de degradação ambiental e de acidentes) realizadas adequadamente.

A respeito da poluição, os resíduos sólidos são o grande impacto negativo a ser considerado, pois a Política Nacional de Resíduos Sólidos (Lei nº 12.305, de 2010) é relativamente recente, e os instrumentos ambientais de controle e redução ainda se encontram em plena implementação de seus objetivos. A gestão de resíduos orgânicos e inorgânicos representa riscos distintos para o meio ambiente, a saber:

» Resíduos orgânicos: são materiais de fácil decomposição (biodegradáveis) e representam riscos à saúde pública em razão da disseminação de doenças por microrganismos e vetores, da emanação de gás metano na atmosfera e da percolação de chorume no solo e nas águas subterrâneas.

Figura 1.5 - Deslizamento é um fenômeno de ordem geológica e climática que inclui movimentos de solo, queda de rochas e falência de encostas em profundidade; a supressão de vegetação nessas áreas, principalmente nas instalações de habitações irregulares (favelas), pode acentuar os riscos ao meio ambiente e à população nos arredores. Foto: Trajeto Paraty (RJ) - Cunha (SP), 2013.

PaulinhoNepo/Wikimedia Commons

» Resíduos inorgânicos: são constituídos por materiais de difícil decomposição (não biodegradáveis), como papelão, vidro, borracha e plástico, representando principalmente riscos de contaminação tóxica, entupimento de galerias pluviais e esgotos e degradação ambiental e urbanística.

Em relação aos resíduos inorgânicos, alguns instrumentos para seu controle ambiental e reaproveitamento tiveram significativos progressos, como o aumento da reciclagem de materiais reutilizáveis, a promoção da coleta seletiva e a obrigatoriedade da implementação do sistema de logística reversa nos setores produtivos de resíduos perigosos e volumosos; porém, tais avanços ainda não foram percebidos na gestão de resíduos orgânicos, cujos impactos podem ser detectados tanto nas áreas rurais quanto nas urbanas.

Nas áreas urbanas, a poluição do solo está principalmente relacionada ao excesso de resíduos orgânicos decorrente de restos de alimentos, em virtude do crescimento do consumo e práticas não sustentáveis de disposição dos materiais, como aterros clandestinos (lixões) ou até mesmo a céu aberto (córregos, logradouros, rios ou terrenos baldios). Na área rural, a preocupação se estende à contaminação tóxica do solo por meio dos

Lembre-se

Chorume é uma substância líquida resultante do processo de putrefação (apodrecimento) de matérias orgânicas; existe também o **necrochorume**, que é o líquido resultante do processo de decomposição de cadáveres.

O processo de tratamento do chorume é muito importante para o meio ambiente, uma vez que, não devidamente tratado, pode atingir lençóis freáticos, rios e córregos, levando à contaminação desses recursos hídricos com microrganismos patogênicos.

resíduos agroquímicos e insumos farmacêuticos da agricultura e da pecuária, respectivamente, além de restos putrescíveis e dejetos animais, que poluem o meio ambiente e são porta aberta para a contaminação de trabalhadores, consumidores e processos produtivos.

Liudmila Gridina/shutterstock.com

aurin/shutterstock.com

Worytko Pawel/shutterstock.com

Figura 1.6 - Materiais como tijolos, vasilhames plásticos e pneus são exemplos de resíduos não inertes, pois não se decompõem facilmente; no caso dos materiais de construção civil, é essencial a implantação de uma coleta seletiva criteriosa para o reaproveitamento de parte dos resíduos, que geralmente vêm misturados com outros tipos de rejeitos do setor (plástico, papelão, fios, canos, conduítes e detritos em geral).

1.2.2 Poluição das águas

Não há como negar: a poluição das águas é o impacto ambiental que mais traz danos concretos ao meio ambiente, seja em termos de abrangência, sejaem dificuldades no seu controle e monitoramento ambiental, pois suas características também proporcionam impactos indiretos ao solo, à atmosfera, à saúde pública, à economia e aos ecossistemas de modo geral.

Em relação ao tema abordado, a poluição se dá por meio de líquidos residuais, e as suas consequências dependem da fonte gerada, das propriedades de seus componentes, da concentração e da quantidade lançada de efluentes, onde os esgotos sanitários, industriais e pluviométricos são, é claro, determinantes para a sua ocorrência, além da disposição de lixo e de outros rejeitos jogados nos rios, mares, córregos etc.

É bom ficar claro que, além da poluição, o homem realiza alterações no meio ambiente por meio de outras ações antrópicas, que devem ser avaliadas previamente para a não ocorrência de profundas mudanças em ecossistemas, cidades e áreas legalmente protegidas, como a construção de barragens, hidroelétricas ou transposição das águas por meio de canalizações artificiais.

Existem várias atividades produtivas em que a utilização da água é essencial, podendo gerar líquidos residuais orgânicos (agroindústria) ou inorgânicos (indústria química), por meio dos quais as empresas devem realizar a análise de DBO (Demanda Bioquímica do Oxigênio) ou DQO (Demanda Química do Oxigênio), a fim de estabelecer condições seguras de suas propriedades e que não venham causar mortandade de peixes, riscos à saúde e desequilíbrios ecológicos aos ecossistemas, além de prejuízos econômicos e sociais.

Fique de olho!

A diferença entre DBO (Demanda Bioquímica do Oxigênio) e DQO (Demanda Química do Oxigênio) é que o primeiro analisa a oxidação da matéria orgânica e outros compostos por meio da ação de microrganismos, enquanto o segundo avalia a oxidação mediante reações químicas.

A ausência de saneamento básico e de uma gestão adequada nos manejos dos resíduos sólidos também é responsável pela poluição das águas e pela queda da qualidade ambiental, nesses casos, com predominância de resíduos orgânicos e patogênicos. O saneamento do meio (limpeza urbana, coleta de lixo, drenagem das aguas pluviais, controle de vetores) não só tem como objetivo aspectos sanitários e estéticos como também visa evitar que a chuva, o vento e outros meios naturais e artificiais "transportem" seus agentes nos receptores hídricos.

1.2.3 Poluição atmosférica

A poluição atmosférica é o resultado da emissão, no ar, de gases poluentes, que podem ser gerados por veículos automotores, queimadas, decomposição orgânica ou processos industriais, e seus impactos ambientais têm como características principais a degradação e a poluição ambientais em grande escala, ou seja, pode extrapolar os limites dos geradores responsáveis pela ação.

Os hidrocarbonetos são a composição química orgânica dos combustíveis fósseis (petróleo) e representam boa parte da poluição que ocorre nos dias de hoje. Apesar do incentivo e dos programas de apoio a combustíveis mais limpos e biodegradáveis, esses compostos químicos ainda correspondem ao recurso natural mais utilizado como fonte energética no Brasil e no mundo inteiro; cidades como São Paulo e o Rio de Janeiro - os principais polos industriais do país - sofrem a cada ano com queda da qualidade do ar, inundações, desmoronamentos e diversos problemas de saúde pública e ambiental. Em épocas de estiagem, seus efeitos se acentuam e podem ser mais sentidos pela população.

As chuvas ácidas também são efeitos da emissão de gases poluentes de veículos, indústrias e outras fontes poluidoras, que têm como característica a forte concentração de componentes tóxicos - como o dióxido de enxofre, dióxido de nitrogênio e dióxido de cloro - que, combinados com a água (H_2O) e o gás carbônico (CO_2), aumentam a acidez das chuvas, por meio de ácido sulfúrico, clorídrico, sulfuroso etc., contaminando as águas superficiais ou o solo, podendo ser deslocados a quilômetros de distância de seu local de origem e direcionando os seus impactos ambientais para áreas de reservas florestais permanentes e, pior, podendo também acentuar a poluição em regiões com os mesmos problemas ambientais existentes.

Nos centros urbanos de grandes cidades, a deterioração da qualidade do ar piora em razão do ritmo frenético dos veículos, das atividades industriais e também da ausência de poucas áreas verdes para a oxigenação do ambiente, dificultando a dispersão dos poluentes e alterando climaticamente as regiões afetadas, causando outros tipos de impactos ambientais:

» Inversão térmica: ocorre em épocas frias (outono e inverno), quando as camadas de ar frio (mais pesado) demoram a ser aquecidas na superfície, e o ar quente (mais leve) demora a ascender (subir) até a atmosfera, levando consigo uma parcela dos poluentes e assim aumentando as doenças respiratórias.

» Ilhas de calor: é o fenômeno no qual os centros urbanos agem como receptores de ventos das áreas periféricas (com temperaturas menores), permitindo que a poluição gerada nos bairros desloque-se horizontalmente para essas "ilhas de calor", acentuando a poluição nas áreas centrais das grandes cidades, uma vez que a pressão atmosférica mais alta das periferias "empurra" os gases poluentes para as zonas de baixa pressão, diminuindo mais ainda a qualidade do ar e promovendo quedas sensíveis dos níveis de umidade na região.

O caro leitor deve estar se perguntando: e a emissão dos gases de efeito estufa? E o aquecimento global? E acamada de ozônio? Todos são impactos ocasionados pela poluição atmosférica? Vejamos nos próximos tópicos.

1.2.3.1 Emissão de gases de efeito estufa (GEE)

Conhecido impacto ambiental causado pela poluição atmosférica, o efeito estufa é um fenômeno natural, provocado pela absorção dos raios infravermelhos por gases poluentes presentes na atmosfera, retendo assim o calor na superfície terrestre; curiosamente, o efeito estufa é necessário para a sobrevivência dos seres vivos.

Como assim? Sem o efeito estufa, o planeta entraria em processo de congelamento; todavia, o excesso de CO_2 e outros componentes voláteis retêm em demasia o calor dos raios solares, acentuando a temperatura do planeta, ou seja, o aquecimento global, causando o derretimento de calotas polares, alterações nas correntes marítimas, aceleração de desertificações, extinção de espécies, aumento de incêndios florestais, prejuízo à agricultura, aumento de doenças respiratórias e cancerígenas e a potencialização de fenômenos naturais como furacões, tempestades e alagamentos.

Diante do quadro preocupante que se oferecia ao planeta e a todos os seres vivos, países de todo o mundo reuniram-se para discutir o Protocolo de Quioto, no Japão, em 1997, para firmar o compromisso de redução de emissão de gases na atmosfera, principalmente por parte dos países mais industrializados do mundo, com atenção especial aos Estados Unidos, que, embora considerados um dos maiores poluidores, não assinaram o tratado em defesa de seus interesses econômicos.

Figura 1.7 - Crédito de carbono: medida de permissão controlada de emissão de GEE. Os certificados são emitidos às indústrias que comprovadamente reduzem os seus poluentes; tais indústrias vendem, no "Mercado de Carbono", os seus créditos para as indústrias poluentes. Na prática, a medida não resolve o problema, mas tem como finalidade de promover financeiramente as iniciativas de produção sustentáveis, atenuando a poluição.

As primeiras pesquisas para a avaliação do processo autodestrutivo da biosfera foram baseadas em análises geográficas dos continentes, observando as características locais e focalizando os seus aspectos sociopolíticos e ambientais, tendo em vista que a mesma quantidade de poluentes emitidos em um grande polo industrial norte-americano, ou na queima de palha do cultivo canavial no Brasil, ou na produção de carvão na Ucrânia tem o mesmo peso poluidor em sua equivalência. Assim, é possível demonstrar as perspectivas negativas para o futuro de cada nação e convencer cada envolvido a assumir suas responsabilidades, inclusive para a preservação de seus próprios interesses.

De acordo com diversas pesquisas realizadas pelo IPCC (Painel Intergovernamental sobre Mudanças Climáticas; do inglês, Intergovernmental Panel on Climate Change), cada continente sofreria os impactos ambientais e demais consequências conforme as particularidades locais. Em seus estudos, foram diagnosticados impactos na economia, na sociedade e no meio ambiente, atentando aos diferentes aspectos culturais, econômicos, de infraestrutura, geográficos, políticos e sociais de cada região, como:

» América do Norte: redução das camadas de neve nos biomas locais; acentuação de pragas e doenças; aumento das ondas de calor e, consequentemente, crescimento de incêndios florestais; intensificação de fenômenos naturais como tempestades tropicais, vendavais e furacões; e aumento dos custos na produção agrícola por causada utilização dos recursos hídricos por culturas irrigadas pelas chuvas.

» América Latina: transição da floresta tropical para savana na Amazônia; elevação do nível do mar, trazendo consequências negativas para a pesca e o turismo; agravamento de assentamento humano nas regiões litorâneas em razão da precariedade de infraestrutura de países mais pobres (principalmente na América Central); perda significativa da biodiversidade em virtude da extinção de espécies e de ecossistemas.

» África: na condição de continente mais pobre do planeta, os problemas socioeconômicos - como a escassez da água potável em virtude do aumento da demanda, redução da produção agrícola e aumento proporcional do seu custo, comprometimento da pesca comercial e de subsistência com aumento da temperatura das águas e degradação ambiental em manguezais e recifes de corais - seriam acentuados sensivelmente.

» Ásia: o derretimento de geleiras, como na região do Himalaia, aumentaria as inundações, com desestabilização nas encostas montanhosas, provocando o aumento de avalanches de pedras, inundações nas áreas costeiras, prejuízos à agricultura, aos ecossistemas marinhos e às atividades pesqueiras, que têm grande valor comercial e de subsistência para várias regiões do continente.

José Cruz/ABr/Wikimedia Commons

Figura 1.8 - A hora do planeta: movimento mundial com participação de 84 países, inclusive o Brasil, onde é sugerido o desligamento voluntário das luzes, como alerta para a questão das mudanças climáticas e as suas consequências. Em destaque, a Esplanada dos Ministérios às escuras, na capital do país. Foto: Brasília, março de 2009.

» Oceania: elevação do nível do mar e aumento da frequência de tempestades e inundações costeiras; aumento de secas e incêndios na Nova Zelândia e Austrália; queda da produtividade agrícola; comprometimento dos ecossistemas locais; desaparecimento de ilhas habitadas e prejuízos para o turismo.

» Regiões polares: com o aumento da temperatura, é prevista a redução da espessura e da extensão dos blocos de gelo, influenciando os ecossistemas da região e dificultando a adaptação dessa mudança climática pela fauna local (composta por ursos polares, pinguins, pássaros migratórios e outras espécies) e pelos habitantes indígenas dessas regiões, além de trazer prejuízos à cadeia alimentar de vários seres vivos e do homem.

É importante salientar que os países subdesenvolvidos estariam mais vulneráveis aos problemas sociais ocasionados pelas mudanças climáticas, graças a um histórico de deficiência em sua infraestrutura e de inferioridade econômica e política em relação aos países mais ricos e industrializados.

Os países mais ricos são mais estruturados financeira e administrativamente para encontrar soluções emergenciais e que poderiam atenuar por algum tempo as consequências do aquecimento global. Porém, as medidas seriam paliativas e sua eficiência teriam prazo de validade, pois comprometeriam a longo prazo seus interesses econômicos, em razão da diminuição de novos mercados consumidores, de reservas energéticas e matérias-primas e em virtude da crescente pressão da opinião pública na participação governamental para a redução da emissão de GEE.

1.2.3.2 Destruição da camada de ozônio

A camada de ozônio é responsável por filtrar os raios ultravioleta B (UVB) emitidos pelo Sol e teve sua degradação acentuada pela influência de gás clorofluorcarbono (CFC) e outras substâncias químicas halogenadas artificiais, que, em reação com as moléculas de ozônio, destroem essa barreira natural.Esses compostos eram utilizados na fabricação de propelentes de aerossóis, extintores de incêndio, gases de refrigeração e solventes orgânicos.

Além de reduzir a capacidade de fotossíntese das plantas, a deterioração da camada de ozônio permitiria o aumento de doenças como câncer de pele, cataratas, alergias e problemas no sistema imunológico, por isso foi firmado, em 1987, o Protocolo de Montreal, com a adesão positiva de 47 países e a redução de mais de 80% da utilização desses agentes nocivos.

Em território brasileiro, o Conselho Nacional do Meio Ambiente(Conama) instituiu a Resolução nº 267/2000, que dispõe sobre a proibição da comercialização de produtos com substâncias que destroem a camada de ozônio, considerando a Convenção de Viena e o Protocolo de Montreal, o qual determina em sua redação oficial:

> [...] Considerando os prazos, limites e restrições previstos no Protocolo de Montreal sobre Substâncias que Destroem a Camada de Ozônio, à produção, ao comércio e ao consumo mundial das substâncias que destroem a Camada de Ozônio, em seu conjunto conhecidas como substâncias controladas e como SDOs;
>
> [...] Considerando o Programa Brasileiro de Eliminação da Produção e do Consumo das Substâncias que Destroem a Camada de Ozônio-PBCO, compromisso formalizado pelo Governo Brasileiro junto ao Secretariado do Protocolo de Montreal, em junho de 1994, que estabelece a eliminação gradativa do uso dessas substâncias no País;
>
> [...] Considerando a necessidade de aperfeiçoamento da Resolução Conama nº 13, de 13 de dezembro de 1995, que estabeleceu procedimentos e prazos para a eliminação das substâncias controladas e, em face do apontado no PBCO, revisado em março de 1999, resolve:

> Art. 1º É proibida, em todo o território nacional, a utilização das substâncias controladas especificadas nos Anexos A e B do Protocolo de Montreal sobre Substâncias que Destroem a Camada de Ozônio, e constantes no Anexo desta Resolução nos sistemas, equipamentos, instalações e produtos novos, nacionais ou importados.

De 1990 até 1999, o tratado passou por várias revisões; a produção e o consumo de produtos destruidores da camada de ozônio foram gradativamente substituídos por outros produtos ecologicamente não agressivos, como a mistura de butano e propano, por não interferir nos ganhos econômicos das empresas e atingir os objetivos do Protocolo.

Outro aspecto importante a ressaltar foi a utilização da medida como estratégia de marketing pelas empresas, para exaltar seus produtos fabricados sem o composto CFC, por meio de etiquetas nas embalagens como forma de propaganda, incentivando os consumidores a optarem pela compra de produtos menos degradantes à natureza, ignorando os seus concorrentes, que ainda não haviam aderido ao compromisso ecológico com o meio ambiente.

1.2.3.3 Poluentes orgânicos persistentes (POPs)

Em maio de 2001, 127 países assinaram o Tratado de Estocolmo, na Suécia, para o banimento de substâncias conhecidas como POPs (Poluentes Orgânicos Persistentes), com intuito de erradicar os compostos tóxicos mais agressivos ao meio ambiente, os quais constituem 12 substâncias com características cancerígenas, a maioria utilizada na fabricação de inseticidas e herbicidas, além de resíduos provenientes de queimas em incineradores.

Esse tratado vem atender a preocupação relatada nos informes publicados pelo Clube de Roma, que, em suas análises, além de detectar a escassez dos recursos naturais, alertou também sobre o aumento perigoso dos níveis de contaminação no meio ambiente a longo prazo.

A relação das 12 substâncias compostas de toxinas, prejudiciais ao meio ambiente e aos seres vivos, inclui:

- Os inseticidas: Aldrin, Dialdrin, Heptaclor, Toxafeno, Mirex e Diclorodifeniltricloroetano (DDT).
- Os herbicidas: Endrin, Clordano e Hexaclorobenzeno (HCB).
- PCBs: usado como isolamento em transformadores (ascarel).
- Dioxinas de resíduos: provenientes de queimas de incineradores.
- Furanos (dioxina).

Anteriormente, Rachel Carson publicou, em 1962, o livro *Primavera Silenciosa*, em que expunha os perigos do uso do inseticida DDT nas atividades agrícolas dos EUA, indicando o uso alternativo de controles biológicos (fungos, bactérias e insetos) para o combate de parasitas nas plantações.

1.2.4 Biodiversidade

Temática de grande relevância nas questões ambientais, a conservação da biodiversidade e dos recursos naturais são talvez dois dos principais fatores a serem observados no desenvolvimento de empreendimentos impactantes para a natureza, pois são de essencial importância para a preservação da vida e de viabilidade econômica e social. A biodiversidade é a variabilidade entre os organismos vivos de todas as origens, em todos os seus níveis e abrangência, desde os microrganismos até as grandes espécies dos ecossistemas terrestres e aquáticos; endêmicas ou ameaçadas; domesticadas ou selvagens; de significado econômico, social, cultural, medicinal ou científico.

Como podemos analisar, trata-se de uma questão de grande relevância na avaliação dos impactos ambientais, no Brasil e em outros países, preocupação esta que originou um tratado internacional chamado Convenção sobre Diversidade Biológica (CDB), durante a Conferência das Nações Unidas sobre Meio Ambiente e Desenvolvimento (CNUMAD), realizada no Rio de Janeiro em 1992.

A Convenção da Biodiversidade tem como objetivos a conservação da biodiversidade, o uso sustentável dos recursos naturais e a distribuição dos benefícios gerados na utilização desses recursos, contando com a confirmação de 168 países em respeitar o acordo, por meio do qual o Brasil ratificou sua posição para o cumprimento dos compromissos acordados, com a criação do Programa Nacional da Diversidade Biológica (PRONABIO), por meio do Decreto nº 1354/94, e a instituição, oito anos depois, da Política Nacional da Biodiversidade, pelo Decreto nº 4339/2002.

Quanto às diretrizes e objetivos da Convenção da Biodiversidade, em relação à minimização dos impactos negativos que possam causar os empreendimentos, o seu artigo 14 apresenta as seguintes recomendações:

> 1. Cada Parte Contratante, na medida do possível e conforme o caso, deve:
>
> a) Estabelecer procedimentos adequados que exijam a avaliação de impacto ambiental de seus projetos propostos que possam ter sensíveis efeitos negativos na diversidade biológica, a fim de evitar ou minimizar tais efeitos e, conforme o caso, permitir a participação pública nesses procedimentos;
>
> b) Tomar providências adequadas para assegurar que sejam devidamente levadas em conta as consequências ambientais de seus programas e políticas que possam ter sensíveis efeitos negativos na diversidade biológica;
>
> c) Promover, com base em reciprocidade, notificação, intercâmbio de informação e consulta sobre atividades sob sua jurisdição ou controle que possam ter sensíveis efeitos negativos na diversidade biológica de outros Estados ou áreas além dos limites da jurisdição nacional, estimulando-se a adoção de acordos bilaterais, regionais ou multilaterais, conforme o caso;
>
> d) Notificar imediatamente, no caso em que se originem sob sua jurisdição ou controle, perigo ou dano iminente ou grave à diversidade biológica em área sob jurisdição de outros Estados ou em áreas além dos limites da jurisdição nacional, os Estados que possam ser afetados por esse perigo ou dano, assim como tomar medidas para prevenir ou minimizar esse perigo ou dano;
>
> e) Estimular providências nacionais sobre medidas de emergência para o caso de atividades ou acontecimentos de origem natural ou outra que representem perigo

grave e iminente à diversidade biológica e promover a cooperação internacional para complementar tais esforços nacionais e, conforme o caso e em acordo com os Estados ou organizações regionais de integração econômica interessados, estabelecer planos conjuntos de contingência.

2. A Conferência das Partes deve examinar, com base em estudos a serem efetuados, as questões da responsabilidade e reparação, inclusive restauração e indenização, por danos causados à diversidade biológica, exceto quando essa responsabilidade for de ordem estritamente interna.

Falar de todos os benefícios que a biodiversidade pode proporcionar à humanidade requer tempo e um estudo mais detalhado, mas sumariamente podemos citar a sua importância para a polinização das colheitas, no controle biológico de pragas e doenças, alimentação, medicamentos e, principalmente, na regulação do ciclo de vida das espécies da biosfera do planeta.

1.3 Acidentes ambientais

A atuação de organizações ambientais é muito importante para alertar as consequências graves de atividades sem comprometimento com o desenvolvimento sustentável e o uso racional dos recursos naturais, e mostrar que, se providências não forem tomadas para atender os requisitos de prevenção em segurança, nos processos industriais ou em outros empreendimentos, pode haver situações de risco sem limites e catástrofes com altos números de vítimas, prejuízos irreparáveis à fauna e à flora e danos incalculáveis para a economia.

Seja por negligência, imperícia, seja por imprudência do homem, das empresas, dos poderes públicos, alguns acidentes repercutiram internacionalmente, chamando a atenção da opinião pública, de especialistas de segurança, ambientalistas e da mídia para a elaboração de medidas preventivas, para que não venham ocorrer tragédias como as relatadas a seguir:

» 1947: navio carregado de nitrato de amônia explode no Texas, causando mais de 500 mortes e deixando 3.000 feridos.

» 1956: a Baía de Minamata, Japão, é contaminada durante anos (desde 1939) por uma companhia química instalada nas margens. Por causa das altas concentrações de mercúrio nas águas da baía, foram registrados inúmeros casos de disfunções neurológicas em famílias de pescadores e animais da região.

» 1966: na cidade de Feyzin, França, um vazamento de GLP causa a morte de 18 pessoas, além da intoxicação de outras 65 pessoas.

» 1976: em Seveso, Itália, a fábrica Hoffmann-La Roche liberou densa nuvem de um desfolhante conhecido como *agente laranja*, considerado altamente venenoso, o que obrigou a retirada de mais de 700 famílias da região.

» 1978: na cidade de San Carlos, Espanha, um caminhão-tanque causou mais de 216 vítimas fatais, além de vários feridos, após sua carga de propano explodir.

- 1984: vazamento de 25 toneladas de isocianato de metila causou a morte de 3.000 pessoas e a intoxicação de mais de 200.000, em Bhopal, Índia.
- 1984: incêndio de GLP seguido de explosão causa 650 mortes e deixa 6.400 feridos em San Juanico, México.
- 1986: a Usina de Chernobyl entrou para a história após um incêndio causado por problemas no sistema de refrigeração, lançando na atmosfera um volume de radiação 30 vezes maior que a bomba atômica, que se espalhou para vários países.
- 1986: após um incêndio em uma indústria em Basileia, Suíça, foram derramadas 30 toneladas de pesticidas no rio Reno, causando a mortandade de peixes ao raio de 193 km.
- 1989: o rombo aberto no casco do navio-tanque Exxon Valdez, após bater em um recife, provocou o vazamento de 44 milhões de litros de petróleo em *Prince William*, Alasca, poluindo águas, praias e ilhas da região e causando a morte de milhares de peixes, baleias e leões-marinhos.
- 1991: durante a guerra dos EUA contra o Iraque, houve a queima de poços de petróleo (notícias da época informam que teriam sido provocadas por homens do governo iraquiano), ocasionando enormes nuvens cinzas, poluindo a água e a vegetação da região.
- 2010: o mais recente desastre ambiental de que se tem registro foi o vazamento causado pelo rompimento da tubulação de uma plataforma de petróleo no Golfo do México, que afundou após uma explosão. Considerado o maior desastre ambiental dos EUA, além de matar onze funcionários, seu vazamento lançou ao mar cerca de 140 milhões de litros de petróleo, e o problema só foi resolvido quase três meses depois, após provocar impactos ambientais nos ecossistemas e no turismo da região.

"Mas e no cenário nacional?", o caro leitor deve estar se perguntando. Vejamos a seguir.

1.3.1 Acidentes ambientais no Brasil

Em um país dotado de grande diversidade de riquezas naturais e biológicas, mas com a preservação do meio ambiente à margem das preocupações nas pautas governamentais, a falta de conscientização ambiental e de leis mais rígidas, além da a falta de fiscalização e controle da poluição e de produtos perigosos, também proporcionou, durante muitos anos, tristes acontecimentos, entre os quais podemos citar:

- 1984: os milhares de litros de gasolina que vazaram das tubulações da refinaria Artur Bernardes, no parque industrial localizado em Cubatão (SP), já seria o suficiente para causar sérios danos ambientais, pois a cidade está situada na região da Mata Atlântica, importante reserva ecológica nacional; porém, a situação "ganhou" ares de horror e dramaticidade, já que a tubulação passava em uma região alagadiça, próximo a Vila Socó, bairro humilde com casas de palafitas. Resultado: uma ignição de origem desconhecida deu início ao incêndio, destruindo mais de 500 barracos, matando dezenas de pessoas e causando muita comoção em uma das maiores tragédias do país.

» 1987: neste ano, catadores de um estabelecimento de ferro-velho encontraram um aparelho utilizado em radioterapias e, por acharem se tratar de sucata, desmontaram o equipamento. O resultado não poderia ter sido mais trágico: um rastro de contaminação com o material radioativo Césio-137 acabou se alastrando na cidade de Goiânia, causando diretamente quatro mortes oficiais, indiretamente 100 vítimas fatais não oficiais e outras milhares que foram contaminadas, naquele que é o maior acidente radioativo do Brasil e o maior do mundo ocorrido fora de uma usina nuclear.

» 2000: grave acidente ecológico ocorrido na Baía de Guanabara. Aproximadamente 1,3 milhões de litros de óleo foram lançados em seus efluentes, em virtude de um grande vazamento em uma tubulação da refinaria de Duque de Caxias, atingindo os manguezais de Guapimirim e provocando contaminação em águas, areias, costões rochosos, vegetação, avifauna, entre outros componentes ecológicos da região, além de prejuízo à economia pesqueira e turística.

» 2000: no mesmo ano do vazamento de óleo na Baía da Guanabara, cerca de 4 milhões de litros de petróleo cru vazaram da refinaria Getúlio Vargas (Repar), em Araucária (PR) graças à ruptura da junta de expansão de uma de suas tubulações; o óleo percorreu até o rio Barigui, que por sua vez deságua no principal rio do Paraná, o Iguaçu, poluindo os recursos hídricos e contaminando milhares de peixes, aves, pequenos moluscos, insetos e flora local, comprometendo toda a cadeia alimentar dos ecossistemas da região.

Tais casos foram os que mais repercutiram nacionalmente, mas há outros que tiveram a mesma equivalência em seus impactos negativos. O desenvolvimento das políticas públicas ambientais, a pressão da mídia e da opinião pública, ferrenho monitoramento de ambientalistas e da comunidade internacional, a cobrança para implementação de programas de gestão ambiental, a punição aos infratores e a rigidez das leis foram reduzido a incidência dessas tragédias. Como o leitor pode ter observado, as enormes consequências para o meio ambiente e os impactos sociais, econômicos, à saúde e à segurança são outros aspectos a serem geridos por meio de uma análise séria dos empreendimentos e das atividades produtivas impactantes, a fim de que tristes histórias como as citadas não venham acontecer.

Como conseguir isto? Estudando, avaliando, monitorando e implementando programas de prevenção, por meio dos instrumentos ambientais desenvolvidos para o alcance desses objetivos: Avaliação dos Impactos Ambientais (AIA), Estudo dos Impactos Ambientais (EIA), Relatório dos Impactos Ambientais (RIMA) e o licenciamento ambiental, entre outros aspectos técnicos legais.

Amplie seus conhecimentos

Cubatão, o "Vale da Morte".

Conhecido mundialmente na década de 1980 como o Vale da Morte, o município de Cubatão (SP) está localizado na Serra do Mar. Após anos de intensa poluição, foi eleita a cidade mais poluída do mundo pela ONU (Organização das Nações Unidas) e alvo de críticas da sociedade e ambientalistas, após reportagens denunciarem as terríveis condições de saúde pública dos moradores e a degradação ambiental nos ecossistemas locais, em razão dos materiais expelidos pelo parque industrial da região.

O parque industrial é composto por empresas da área química, principalmente na produção de derivados de petróleo, e na época foram acusadas de lançarem quase 1000 toneladas diárias de poluentes na atmosfera. A tragédia ambiental ficaria marcada para sempre depois da divulgação do elevado número de crianças recém-nascidas com anencefalia (sem cérebro), causando indignação nacional e destaque na mídia internacional. Por meio da coleta de amostras de sangue da população, provou-se o comprometimento da saúde dos habitantes por intoxicação dos poluentes, a ponto de os moradores da Vila Parisi precisarem ser removidos, em virtude do alto índice de insalubridade apresentado.

O caso repercutiu, a pressão ambientalista cresceu e a população cobrou providências. A Companhia de Tecnologia de Saneamento Ambiental (CETESB), em trabalho conjunto com a Secretaria Estadual do Meio Ambiente (SP), as indústrias da região e a sociedade civil implementou um Programa de Controle da Poluição com a finalidade de mudar esse panorama catastrófico e, após investimentos de mais de 1 bilhão de dólares em inovações tecnológicas e muita conscientização ambiental, os índices de poluição foram reduzidos em mais de 90%.

Os resultados conquistados foram vários, como melhorias na qualidade do ar, certificação ambiental às empresas participantes, recuperação do solo, matas, efluentes, manguezais e retorno de espécies à região. Na ECO 92, organizada no Rio de Janeiro, a ONU concedeu a Cubatão o *Selo Verde* em reconhecimento ao trabalho executado, escolhendo a cidade como símbolo da ecologia e exemplo mundial de recuperação ambiental, para orgulho e recuperação da autoestima dos seus habitantes.

OS2Warp/Wikimedia Commons

Figura 1.9 - Companhia Siderúrgica localizada no município de Cubatão (SP): predominância de emissão de gases em seus impactos negativos, principalmente de carbono e metais pesados, característicos do setor.

Vamos recapitular?

Neste capítulo foram abordados os impactos ambientais, suas definições e seus conceitos; os tipos de danos ambientais, seus efeitos negativos no solo, na água, no ar e na biodiversidade; a questão dos impactos globais, com ênfase no problema do aquecimento global; e a destruição da camada de ozônio. Encerramos com os acidentes ambientais que mais repercutiram no Brasil e no mundo.

Agora é com você!

1) Pesquise e cite três exemplos de impactos ambientais positivos e três negativos, justificando quais os fatores impactantes de cada um deles.

2) Que tipos de danos ambientais os patrimônios históricos e públicos podem sofrer em razão da degradação ambiental?

3) Que contribuições você poderia dar, em sua atividade profissional, social ou similar, para a redução de impactos ambientais negativos no solo, no ar, na água e no meio biótico? Justifique.

2

Avaliação de Impacto Ambiental (AIA)

Para começar

Neste capítulo, estudaremos a importância de um grande instrumento da Política Nacional do Meio Ambiente (Lei nº 6.938/81), que é a Avaliação de Impacto Ambiental (AIA) e suas variantes, seus objetivos, conceitos e sua estrutura, além dos fatores ambientais que devem ser avaliados para a sua elaboração; por fim, analisaremos o papel das corporações de produção neste contexto e as suas responsabilidades para a gestão dos impactos de seus passivos ambientais.

2.1 AIA: instrumento da Lei nº 6.938/81

Apoiado por estudos ambientais desenvolvidos, a AIA é um instrumento de gestão ambiental da Política Nacional do Meio Ambiente (Lei nº 6.938/81) e tem como objetivo a prevenção dos impactos negativos ao meio ambiente e a implementação de benefícios em caso de impactos positivos.

O conceito de AIA é um marco, pois por meio dele foi possível compreender a importância de controle dos riscos decorrentes das atividades produtivas e dos empreendimentos. Para isso, foi necessária a criação de outros instrumentos ambientais para seu suporte, como podemos observar no artigo 9º da Lei nº 6.938/81:

> [...] São instrumentos da Política Nacional do Meio Ambiente:
>
> I - O estabelecimento de padrões de qualidade ambiental;
>
> II - O zoneamento ambiental;

III - A avaliação de impactos ambientais;

IV - O licenciamento e a revisão de atividades efetiva ou potencialmente poluidoras;

V - Os incentivos à produção e instalação de equipamentos e a criação ou absorção de tecnologia, voltados para a melhoria da qualidade ambiental;

VI - A criação de espaços territoriais especialmente protegidos pelo Poder Público federal, estadual e municipal, tais como áreas de proteção ambiental, de relevante interesse ecológico e reservas extrativistas;

VII - O sistema nacional de informações sobre o meio ambiente;

VIII - O Cadastro Técnico Federal de Atividades e Instrumentos de Defesa Ambiental;

IX - As penalidades disciplinares ou compensatórias ao não cumprimento das medidas necessárias à preservação ou correção da degradação ambiental;

X - A instituição do Relatório de Qualidade do Meio Ambiente, a ser divulgado anualmente pelo Instituto Brasileiro do Meio Ambiente e Recursos Naturais Renováveis - IBAMA;

XI - A garantia da prestação de informações relativas ao Meio Ambiente, obrigando-se o Poder Público a produzi-las, quando inexistentes;

XII - O Cadastro Técnico Federal de atividades potencialmente poluidoras e/ou utilizadoras dos recursos ambientais;

XIII - Os instrumentos econômicos, como concessão florestal, servidão ambiental, seguro ambiental e outros.

Esses instrumentos ambientais são muito importantes, pois proporcionam o suporte técnico, administrativo, operacional e legal para a gestão ambiental em nosso país, uma vez que nada vale identificar os impactos ambientais gerados se não houver uma estrutura definida para reduzi-los ou controlá-los.

No entanto, qual o objetivo da AIA? Não teria a mesma finalidade dos estudos dos impactos ambientais? Depende do conceito que se queira dar em sua abordagem.

2.2 AIA: definição e conceitos

A AIA pode ser definida como um conjunto de diversos procedimentos legais, institucionais e técnico-científicos, com a finalidade de caracterizar e identificar previamente os impactos ambientais de um empreendimento. Numa definição mais abrangente, é o:

> Instrumento de política ambiental e gestão ambiental de empreendimentos, formado por um conjunto de procedimentos capaz de assegurar, desde o início do processo, que: se faça um exame sistemático dos impactos ambientais de uma proposta (projeto, programa, plano ou política) e de suas alternativas; se apresentem os resultados de forma

adequada ao público e aos responsáveis pela tomada de decisão, e por eles considerados; se adotem as medidas de proteção do meio ambiente determinadas, no caso de decisão sobre a implantação do projeto (MOREIRA, 1990, p. 33).

Mas qual a diferença entre AIA e o Estudo de Impacto Ambiental (EIA)? A dificuldade em entender conceitualmente a AIA e o EIA é, de certa forma, compreensível, tendo em vista que os principais doutrinadores de Direito Ambiental também concordam que a ambiguidade nas redações oficiais confunde até os especialistas da área ambiental, já que, enquanto na Constituição Federal são citados apenas os "Estudos Ambientais", na Resolução Conama nº 01/86 é citado o termo "Avaliação de Impactos Ambientais", embora, em seu escopo normativo, apenas constem as diretrizes para o desenvolvimento do EIA do Relatório de Impacto Ambiental (RIMA).

Figura 2.1 - A AIA de uma hidrelétrica requer estudos mais científicos dos seus impactos no meio ambiente, pois a complexidade de seus processos como atividade de desenvolvimento econômico e tecnológico é proporcional aos danos que possa causar.

De modo geral, a AIA é visto como um instrumento político da Lei nº 6.938/81, na qual são descritos as diretrizes, os princípios e os objetivos que devem ser seguidos; o EIA e o RIMA são dois de seus principais instrumentos de aplicação, principalmente para a aquisição do licenciamento ambiental.

Porém, alguns meios acadêmicos entendem que as avaliações ambientais são mais abrangentes, voltadas para áreas mais específicas (empresa, biomas, ecossistema etc.), podendo ser desenvolvidas tanto pelo poder público quanto pela iniciativa privada, dentro de um processo administrativo de licenciamento ambiental, ou não. Já os estudos estariam destinados apenas aos empreendimentos de grande porte e com grande potencial de poluição.

Com a palavra, o grande mestre de Direito Ambiental, Edis Milaré:

> [...] a avaliação de impactos ambientais é realmente mais abrangente do que o estudo de impacto ambiental e o relatório de impacto ambiental, tanto é que pode ser implementada com relação à execução física de obras e intervenções e com relação às políticas e planos, sendo neste caso denominada avaliação ambiental estratégica. (MILARÉ, 2004)

Podemos então concluir que as nomenclaturas utilizadas pouco importam, exceto para dissertação dos fundamentos jurídicos em questão nas rodas acadêmicas, pois, independentemente do termo usado, encontrar medidas mitigadoras para a prevenção de ações impactantes ao meio ambiente deverão ser implementadas, indiscutivelmente.

No caso específico deste livro, achou-se melhor abordar o EIA e a AIA em capítulos distintos, para melhor compreensão e esclarecimento do leitor, adotando a diferenciação básica entre os termos citados, sendo a AIA o instrumento introdutório, o EIA ferramenta complementar da AIA e o RIMA a conclusão dos trabalhos, com os seus respectivos levantamentos finais dos riscos ambientais encontrados, e as soluções para a sua minimização.

Mas há outras variáveis na AIA que devem ser consideradas, tanto no âmbito público quanto na iniciativa privada. Instrumentos específicos podem ser úteis, a fim de que o gestor os adote na prevenção de alterações impactantes de empreendimentos de grande porte ou decorrente das atividades produtivas, como veremos nas próximas linhas.

Richard Thornton/Shutterstock.com

Figura 2.2 - Líquido residual gerado pela lavagem de cenouras: nos setores produtivos, a AIA é mais segmentada, porém não menos impactante; na verdade, os conceitos de avaliação *x* estudos ambientais são dúbios e interpretativos, dependendo da abordagem que se queira dar.

2.3 Avaliação Ambiental Estratégica (AAE)

As implementações dos vários tipos de políticas ambientais e seus respectivos programas também requerem uma avaliação constante de sua eficácia nos objetivos que propõe, sendo necessário rever suas diretrizes e conceitos dentro de uma forma global; em resumo, para melhor entendimento do leitor, é como a auditoria de uma gestão ambiental implantada em uma empresa, onde devem ser diagnosticadas as não conformidades e as propostas medidas que proporcionem as melhoras contínuas necessárias.

Tal flexibilidade é importante, e no aspecto legal não deve ser diferente, já que impactos ambientais também podem ocorrer em virtude de uma determinada política, de um plano ou de um programa ambiental; pensando nisso, o conceito e as diretrizes da Avaliação Ambiental Estratégica

(AAE) vem ganhando espaço para a modernização do modelo de gestão dos instrumentos ambientais constituídos legalmente.

Apesar de haver um projeto de lei (PL nº 4.996/2013) em trâmite no congresso, que visa tornar a AAE mais um instrumento da Lei nº 6.938/81 (Política Nacional do Meio Ambiente), ainda não há uma força legal que obrigue sua aplicação; porém, o Ministério do Meio Ambiente (MMA), por meio de sua Secretaria de Qualidade Ambiental nos Assentamentos Humanos (SQA), estabeleceu algumas diretrizes a serem seguidas para o aprimoramento dos aspectos técnicos, administrativos e políticos da gestão ambiental pública do país.

Entre os principais objetivos a serem alcançados na aplicação do AAE, a SQA descreve os seguintes pontos essenciais:

- » Clara definição da estratégia da política, do plano ou do programa objeto de avaliação.
- » Identificação do quadro de referência de sustentabilidade.
- » Identificação dos objetivos a atingir com a política, o plano ou o programa.
- » Definição das decisões estratégicas que devem ser avaliadas.
- » Definição do conteúdo dos estudos de avaliação ambiental, ou seja, das questões mais significativas a serem investigadas, e da escala de abordagem.
- » Definição e esclarecimento das responsabilidades institucionais envolvidas.
- » Estabelecimento dos requisitos legais mínimos (obrigatórios) e dos recomendados.
- » Estabelecimento dos procedimentos formais ou informais de condução do processo de AAE, formulação e adoção de diretrizes de melhor prática.
- » Identificação e definição do procedimento de envolvimento e participação público (formas de comunicação e papel da comunidade e das organizações não governamentais).
- » Identificação e definição do procedimento de controle de qualidade do processo de AAE, o que inclui, eventualmente, revisão independente dos estudos e supervisão do desempenho das medidas e ações de implementação da decisão estratégica.
- » Esclarecimento de como os resultados da AAE irão contribuir e influir, de modo relevante, para a decisão estratégica.

Na prática, em que a AAE pode contribuir?

Além de dar maior ênfase aos problemas de âmbito nacional, principalmente em relação a empreendimentos de infraestrutura e desenvolvimento econômico, ela atender os anseios de boas práticas na gestão ambiental de órgãos públicos e entidades ambientais para melhorias em monitoramento, fiscalização, gestão de risco, auditoria e a sustentabilidade financeira dessas instituições, tendo o licenciamento ambientado como o principal instrumento a ser beneficiado.

Fique de olho!

A Política Nacional dos Recursos Hídricos e os planos nacionais, regionais e de gestão das bacias hidrográficas são os focos prioritários na AAE, além dos programas gerados por essas iniciativas.

Figura 2.3 - Maquete da Região Metropolitana de São Paulo, destacando os cursos d'água e reservatórios, na exposição "Bacias Hidrográficas". Estação Ciência, São Paulo; a cidade mais rica do país é grande consumidora dos recursos hídricos, em razão da grande demanda industrial e populacional, Foto: abril de 2012.

2.4 Avaliação Ambiental Integrada (AAI)

Em razão do volume dos recursos hídricos no Brasil, a produção de energia elétrica é baseada na hidroeletricidade, cujos gigantescos geradores necessitam da força motriz da água para a geração de eletricidade. Entretanto, o crescimento demográfico pode desestabilizar todo o sistema, que não consegue acompanhar proporcionalmente a oferta e a demanda.

Tendo em vista a necessidade de expansão dessa oferta, é natural que o crescimento nos investimentos de infraestrutura acompanhe tal situação, o que pode ocasionar grandes impactos (positivos e negativos) ao meio ambiente, sendo necessário avaliar todos os aspectos ecológicos, sociais e econômicos que empreendimentos desse porte possam ocasionar. É por essa razão que foram elaboradas as diretrizes para a Avaliação Ambiental Integrada (AAI), que, coordenada pelo Ministério de Minas e Energia (MME) em conjunto com o MMA, somente permitem a licitação e o licenciamento de empreendimentos do setor energético cuja viabilidade ambiental seja comprovada.

De acordo com a Empresa de Pesquisa Energética (EPE), criada e vinculada ao Ministério de Minas e Energia (lei nº 10487/2004), e que, conforme o seu artigo 2º, tem por finalidade prestar serviços na área de estudos e pesquisas destinados a subsidiar o planejamento do setor energético, tais como energia elétrica, petróleo e gás natural e seus derivados, carvão mineral, fontes energéticas renováveis e eficiência energética, entre outras, a AAI é um processo interdisciplinar e social para identificação, análise e avaliação dos processos naturais e humanos, e de como estes influenciam na qualidade ambiental e dos recursos naturais, em uma perspectiva futura.

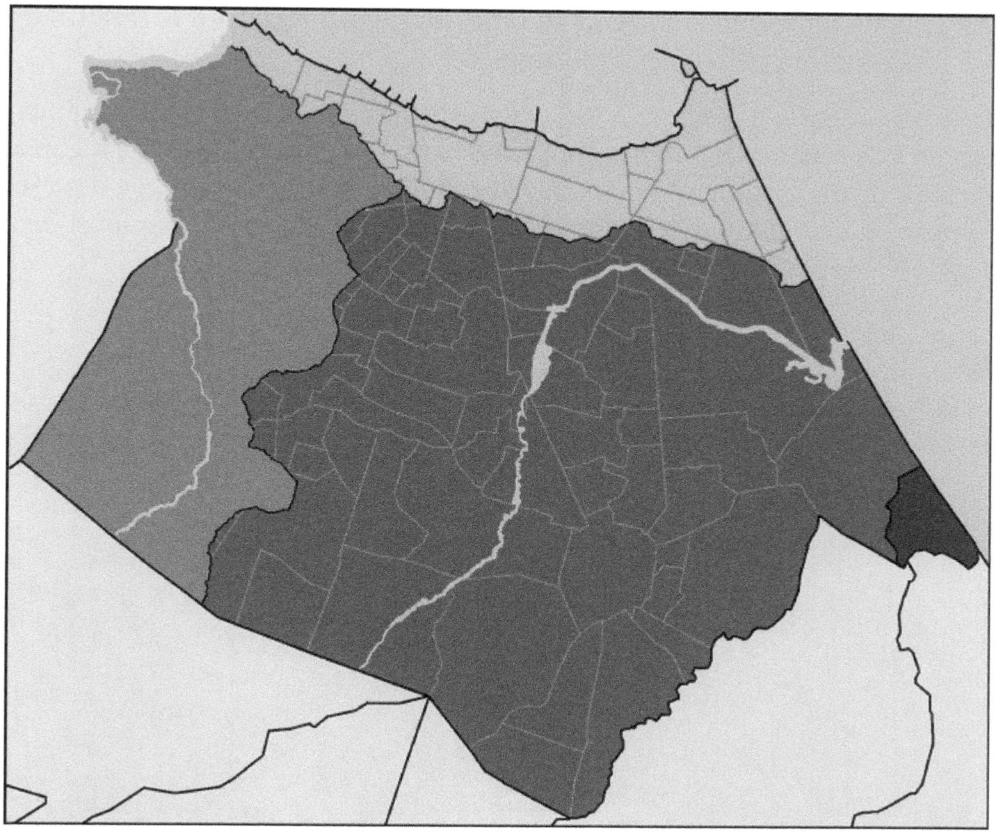

David Andrade/Wikimedia Commons

Figura 2.4 - Bacia hidrográfica é o conjunto de meios hídricos cujos cursos se interligam e onde as partes mais altas se direcionam em desnível para as partes mais baixas; no detalhe da imagem, temos as bacias hidrográficas de Fortaleza (CE).

Entre seus objetivos e suas estratégias, a AAI tem as seguintes diretrizes:

» Avaliar a situação ambiental da bacia com os empreendimentos hidrelétricos implantados e os potenciais barramentos, considerando seus efeitos cumulativos e sinérgicos mais prováveis.

» Desenvolver indicadores de sustentabilidade da bacia, tendo como foco os recursos hídricos e a sua utilização para a geração de energia.

» Delimitar as áreas de fragilidades e de restrições ambientais.

» Indicar conflitos perante os diferentes usos do solo e dos recursos hídricos da bacia e as potencialidades advindas da implantação dos aproveitamentos hidrelétricos.

» Identificar diretrizes ambientais para a concepção de novos projetos de geração de energia elétrica, visando alcançar o desenvolvimento sustentável da bacia.

» Estabelecer diretrizes para reduzir riscos e incertezas para o desenvolvimento socioambiental e para o aproveitamento energético da bacia.

» AAI dos aproveitamentos hidrelétricos da bacia hidrográfica, considerando os usos dos recursos naturais, as dinâmicas das interações entre fatores ecológicos, econômicos e sociais, bem como a identificação das fragilidades ambientais para a área de abrangência do estudo.

» Estudo de alternativas de otimização hidráulica dos aproveitamentos, a partir de uma visão integrada dos aspectos ambientais, e considerando a compatibilização do uso e conservação dos recursos naturais.

» Integração da dimensão ambiental ao processo de planejamento energético e articulação desse processo com o licenciamento ambiental.

A diferença básica entre a AAI e a AAE, é que a primeira destina-se principalmente à análise da gestão ambiental e de cenários futuros dos impactos nas bacias hidrográficas, e a segunda, na gestão dos recursos naturais de um território; porém, são constituídas da mesma essência, ou seja, focadas na avaliação dos impactos cumulativos e simultâneos de políticas, planos e programas de desenvolvimento ambiental.

Fique de olho!

A AAE envolve a compatibilização de políticas, planos e programas do uso sustentável dos recursos naturais de um território, além de englobar também a Avaliação Ambiental Integrada.

Antônio Cruz/ABr

Figura 2.5 - Manifestantes protestam contra a construção de Usina de Belo Monte (AL): para a implementação de empreendimentos considerados de importância estratégica ao desenvolvimento energético do país, é necessário que se resolvam os conflitos de interesses de todos os envolvidos, inclusive das populações tradicionais.

2.5 Objetivos e princípios da AIA

A AIA, como instrumento de grande valia na gestão ambiental, deve seguir diretrizes que a permita abranger os vários aspectos de composição na detecção dos impactos, tendo como objetivos a minimização dos efeitos adversos significativos, sem se esquecer das propostas de melhoramento dos fatores em não conformidade com sua análise; é assim no EIA, em um programa de gerenciamento de resíduos, na avaliação do ciclo de vida dos produtos, na aquisição de certificados ambientais, e não será diferente na AIA ou em qualquer gestão administrativa e ambiental.

Portanto, tal avaliação deve prevenir, antecipar ou compensar todo tipo de impacto gerado (negativo ou positivo) para a promoção do desenvolvimento sustentável, da otimização dos recursos naturais e da proteção do meio ambiente, visto que a biodiversidade e a inserção de ônus à produção e à população fazem parte desse contexto.

Tomando como base os princípios de melhores práticas na avaliação de impactos, da conceituada associação inglesa e referência mundial sobre o assunto, a *International Association for Impact Assessment* (Associação Internacional para a Avaliação de Impactos), entende-se que a AIA deve ser:

» Útil: o processo deve informar a decisão e resultar em níveis adequados de proteção ambiental e de bem-estar da comunidade.

» Rigorosa: o processo deve aplicar as melhores metodologias e técnicas científicas praticáveis e adequadas ao tratamento dos problemas em causa.

» Prática: o processo deve produzir informação e resultados que auxiliem a resolução de problemas e que sejam aceitáveis e utilizáveis pelo proponente.

» Relevante: o processo deve fornecer informação suficiente, fiável e utilizável nos processos de desenvolvimento e na decisão.

» Custo-eficaz: o processo deve atingir os objetivos da AIA dentro dos limites da informação, do tempo, dos recursos e das metodologias disponíveis.

» Eficiente: o processo deve impor um mínimo de custos financeiros e de tempo aos proponentes e aos participantes, compatível com os objetivos e os requisitos da AIA.

» Focalizada: o processo deve concentrar-se nos fatores-chave e nos efeitos ambientais significativos, ou seja, nas questões a serem consideradas na decisão.

» Adaptativa: o processo deve ser ajustado à realidade, às questões e às circunstâncias das propostas em análise sem comprometer a integridade do processo, e deve ser iterativo, incorporando as lições aprendidas ao longo do ciclo de vida da proposta.

» Participativa: o processo deve providenciar oportunidades adequadas para informar e envolver os públicos interessados e afetados, devendo os seus contributos e as suas preocupações ser explicitamente considerados na documentação e na decisão.

» Interdisciplinar: o processo deve assegurar a utilização das técnicas e dos peritos adequados nas relevantes disciplinas biofísicas e socioeconômicas, incluindo, quando relevante, a utilização do saber tradicional.

» Credível: o processo deve ser conduzido com profissionalismo, rigor, honestidade, objetividade, imparcialidade e equilíbrio, além de ser submetido a análises e verificações independentes.

» Integrada: o processo deve considerar as inter-relações entre os aspectos sociais, econômicos e biofísicos.

» Transparente: o processo deve ter requisitos de conteúdo claros e de fácil compreensão; deve assegurar o acesso do público à informação; deve identificar os fatores considerados na decisão; e deve reconhecer as limitações e dificuldades.

» Sistemática: o processo deve resultar na consideração plena de toda informação relevante sobre o ambiente afetado, das alternativas propostas e dos seus impactos, e das medidas necessárias para monitorar e investigar os efeitos residuais.

Em suma, aelaboração da AIA deve ser pautada na melhor metodologia possível, proporcionando uma dinâmica aos trabalhos, fator considerado ausente quando realizados os estudos dos impactos ambientais, sendo a morosidade em seu desenvolvimento considerada por alguns especialistas a sua principal característica, apesar de não ser algo tão significativo a ponto de merecer tal crítica.

Para alcançar os objetivos propostos, a metodologia aplicada deve identificar os possíveis impactos mais relevantes; os que não puderem ser mitigados deverão ser objeto de avaliação prioritária pelos envolvidos na gestão operacional e administrativa dos levantamentos em questão, para a determinação de indeferimento na operação dos empreendimentos e das atividades impactantes.

2.6 Estrutura da AIA

A estrutura da AIA tem como proposta uma sequência lógica de etapas que não difere do EIA, já que este tem como finalidade colher os dados necessários para a análise e conclusão da primeira.

Confuso? Então vejamos.

Explicando de forma simplificada, serão estudados os fatores ambientais envolvidos, seus impactos, seus aspectos positivos e negativos, seu potencial de risco, qualificação e valoração, a proposição de medidas mitigadoras, seus respectivos programas de controle, como monitorá-los, bem como possíveis ônus e benefícios; depois serão analisados, avaliados e gerarão um relatório conclusivo (RIMA) para o indeferimento ou não dos empreendimentos e das atividades produtivas impactantes.

Washington Melo/Wikimedia Commons

Figura 2.6 - Belo Monte (AL) no tempo de cheia do rio São Francisco: o receio de que alterações no meio ambiente possam trazer impactos ambientais negativos irreversíveis é grande; por isso, as divergências entre a comunidade, os empreendedores, os poderes públicos e os ambientalistas com a construção da barragem causam polêmica e preocupação entre todos os interessados.

As etapas ou aspectos acima citados serão abordados no Capítulo 3 deste livro, no qual observaremos as diretrizes e os conceitos necessários para a elaboração do EIA; todavia, alguns princípios operacionais devem ser aplicados a fim de que a avaliação tenha êxito em atenuar os possíveis impactos negativos, e para que a gestão ambiental também não seja um entrave aos aspectos econômico e social, tópicos que também são integrantes da "filosofia" ambiental de desenvolvimento sustentável.

É importante que o processo de avaliação dos impactos seja feito o quanto antes. Esse procedimento deve ser adotado em toda a implantação do empreendimento, ou seja, antes, durante e depois, principalmente em relação a impactos que possam causar efeitos adversos significativos no meio ambiente, observando-se sempre que o homem é parte integrante desse contexto, no qual os fatores socioeconômicos também devem ser relevados.

Os representantes dos poderes públicos, em especial os ligados aos órgãos ambientais, os profissionais multidisciplinares envolvidos, os setores produtivos e a comunidade interessada devem trabalhar em conjunto para a avaliação e análise conclusiva dos relatórios, com total transparência, imparcialidade, equidade e informação, claro, dentro de uma participação legalizada, organizada e coerente com a importância de cada segmento.

O Estado e os órgãos reguladores têm participação importante no processo, devendo organizar administrativamente os trabalhos, começando pelos aspectos legais, com a criação e aplicação de procedimentos de licenciamento ambiental específicos a atividades e empreendimentos propostos, além de treinar equipes multidisciplinares para a elaboração do EIA/RIMA, e os servidores dos órgãos licenciadores para a análise da AIA.

2.6.1 Fatores ambientais

Como veremos constantemente neste livro, é necessária uma descrição das características da região onde será instalado o empreendimento ou a atividade produtiva, ou ambos, para que se determinem quais impactos possam ocorrer, em caso de intervenções antrópicas em seu meio, situação em que os aspectos físicos e bióticos são os que mais "saltam aos olhos" em virtude de alterações significativas, pois a natureza é bela, proporciona-nos um estado de bem-estar e nos fornece tudo o que é essencial para nossa sobrevivência.

Entretanto, qualquer alteração não avaliada e de potencial significância pode desestabilizar sensivelmente aspectos importantes para o desenvolvimento socioeconômico-ambiental, com perdas na qualidade ambiental dos seres vivos, prejuízos financeiros e de bens materiais, impactos sociais, deterioração da saúde pública, degradação ambiental e instabilidade ecológica, que em resumo quer dizer: muita poluição, extinção de espécies e indisponibilidade dos recursos naturais.

Entre os fatores obrigatórios a serem estudados, para a posterior avaliação dos impactos ambientais e, com isso, a procura de alternativas de prevenção viáveis, estão os seguintes itens:

» Qualidade do ar: devem ser medidas as concentrações de poluentes atmosféricos por meio de métodos já existentes no local ou complementares, inclusive com as análises físico-químicas das águas pluviais (chuvas), paradiagnóstico de acidez e concentração de carbono e outros metais.

» Ruído: deve haver um mapeamento dos níveis de ruídos, caso estejam em tolerâncias não aceitáveis antes da implantação dos empreendimentos, criando-se medidas para que não se agravem ainda mais os índices.

- Geologia: avaliar as camadas rochosas (estratigrafia), com análises de minérios e composição química das rochas, além das condições dos maciços de solo e de rocha, pois alterações impactantes podem desestabilizar as condições estruturais e as suas características naturais.
- Geomorfologia: caracterizar as condições geomorfológicas, ou seja, as formas originais da superfície terrestre, o que ajuda a prever o surgimento ou agravamento pré-existente de movimento de massas, inundações, processos erosivos etc.
- Solos: caracterizar o nível taxonômico do solo, que, por meio de classificação específica, poderá avaliar sua composição, cuja condição fértil pode sofrer danos.
- Recursos hídricos: a descrição das águas superficiais das bacias hidrográficas, observações fluviométricas e sedimentométricas, as estruturas hidráulicas existentes, suas propriedades físicas, químicas e bacteriológicas, a rede hidrográfica existente, inclusive com a localização em que o empreendimento será implantado, e sua influência impactante sobre esses e outros aspectos.
- Hidrogeologia: é o estudo das águas subterrâneas, para determinação de impactos em aquíferos e outros, a direção dos fluxos, profundidade, permeabilidade, mapeamento dos pontos de água, além de estudos litológicos (estudo das rochas).
- Meio biótico: caracterização e análise dos ecossistemas terrestres por meio de mapeamento, indicadores biológicos e inventários - quando couber - de flora, vegetação, biomassa lenhosa, entomofauna, avifauna, herpetofauna, grupos taxonômicos, estudos tróficos e outras características limnológicas, e de como a inter-relação destes fatores pode ser afetada por atividades impactantes.

2.7 Competência

Além de seu caráter cívico, a Constituição Federal já se destacava em questões importantes para o desenvolvimento do país. Em seu artigo 23, determina os seguintes princípios para o seu cumprimento:

> [...]É competência comum da União, dos Estados, do Distrito Federal e dos Municípios:
>
> I - zelar pela guarda da Constituição, das leis e das instituições democráticas e conservar o patrimônio público;
>
> II - cuidar da saúde e assistência pública, da proteção e garantia das pessoas portadoras de deficiência;
>
> III - proteger os documentos, as obras e outros bens de valor histórico, artístico e cultural, os monumentos, as paisagens naturais notáveis e os sítios arqueológicos;
>
> IV - impedir a evasão, a destruição e a descaracterização de obras de arte e de outros bens de valor histórico, artístico ou cultural;
>
> V - proporcionar os meios de acesso à cultura, à educação e à ciência;
>
> VI - proteger o meio ambiente e combater a poluição em qualquer de suas formas;
>
> VII - preservar as florestas, a fauna e a flora;
>
> VIII - fomentar a produção agropecuária e organizar o abastecimento alimentar;
>
> IX - promover programas de construção de moradias e a melhoria das condições habitacionais e de saneamento básico;

> X - combater as causas da pobreza e os fatores de marginalização, promovendo a integração social dos setores desfavorecidos;
>
> XI - registrar, acompanhar e fiscalizar as concessões de direitos de pesquisa e exploração de recursos hídricos e minerais em seus territórios;
>
> XII - estabelecer e implantar política de educação para a segurança do trânsito.

Como podemos observar acima, praticamente mais da metade dos objetivos citados no referido artigo tem como preocupação a questão ambiental e, para tanto, o Estado organizou-se para o alcance destas metas, procurando elaborar políticas ambientais e principalmente reorganizando o sistema técnico e administrativo de gestão ambiental, capitaneado pelo MMA.

A Lei nº 6938/81, da Política Nacional do Meio Ambiente, integrou os estados, municípios e seus respectivos órgãos ambientais para que não houvesse conflitos de competência nos mais diversos trabalhos de interesse na prevenção ambiental e racionalização no uso dos recursos naturais, criando novos órgãos, reestruturando suas secretarias e delegando as devidas responsabilidades em cada uma de suas esferas, por meio da criação do Sistema Nacional do Meio Ambiente (SISNAMA), conforme seu artigo 6º:

> [...] Os órgãos e entidades da União, dos Estados, do Distrito Federal, dos Territórios e dos Municípios, bem como as fundações instituídas pelo Poder Público, responsáveis pela proteção e melhoria da qualidade ambiental, constituirão o Sistema Nacional do Meio Ambiente - SISNAMA, assim estruturado:
>
> I - órgão superior: o Conselho de Governo, com a função de assessorar o Presidente da República na formulação da política nacional e nas diretrizes governamentais para o meio ambiente e os recursos ambientais;
>
> II - órgão consultivo e deliberativo: o Conselho Nacional do Meio Ambiente (Conama), com a finalidade de assessorar, estudar e propor ao Conselho de Governo, diretrizes de políticas governamentais para o meio ambiente e os recursos naturais e deliberar, no âmbito de sua competência, sobre normas e padrões compatíveis com o meio ambiente ecologicamente equilibrado e essencial à sadia qualidade de vida;
>
> III - órgão central: a Secretaria do Meio Ambiente da Presidência da República, coma finalidade de planejar, coordenar, supervisionar e controlar, como órgão federal, a política nacional e as diretrizes governamentais fixadas para o meio ambiente;
>
> IV - órgão executor: o Instituto Brasileiro do Meio Ambiente e dos Recursos Naturais Renováveis, coma finalidade de executar e fazer executar, como órgão federal, a política e diretrizes governamentais fixadas para o meio ambiente;
>
> V - órgãos Seccionais: os órgãos ou entidades estaduais responsáveis pela execução de programas, projetos e pelo controle e fiscalização de atividades capazes de provocar a degradação ambiental;
>
> VI - órgãos locais: os órgãos ou entidades municipais, responsáveis pelo controle e fiscalização dessas atividades, nas suas respectivas jurisdições.

Em relação à AIA, os empreendedores estarão sujeitos aos programas, ao controle e à fiscalização dos estados e municípios, lembrando que o EIA, e consequentemente o RIMA, deverão ser realizados por equipes multidisciplinares legalmente habilitadas, a expensas do empreendedor, e que serão responsáveis pelas informações apresentadas, sujeitando-se às sanções administrativas, civis e penais; quantoao licenciamento ambiental, a Resolução Conama nº 237/97 estabeleceu os níveis de competência federal, estadual e municipal para todo o território nacional, de acordo com a extensão do impacto ambiental.

2.8 Impactos corporativos

Os setores econômicos também são responsáveis pela avaliação dos impactos que possam causar ao meio ambiente e, se os empreendimentos de infraestrutura representam riscos de maior envergadura qualitativa, as atividades industriais, de serviços e outros meios produtivos não ficam atrás, pois são diversos os empreendimentos corporativos que precisam ser monitorados e devidamente licenciados para a continuidade de sua operação, devendo ainda seguir outros procedimentos de gestão e aspectos legais a fim de atenderem esses objetivos, masem âmbito privado.

No campo jurídico, as empresas privadas também são cobradas legalmente, se não adequarem seus setores produtivos e de serviços de acordo com um desenvolvimento mais sustentável; em contrapartida, os empreendedores comprometidos com a gestão de seus passivos ambientais, são apoiados em caso de implementação de medidas técnicas, que visem a prevenção ambiental e melhor uso dos recursos naturais em sua produção, conforme determinou em suas diretrizes, a Lei nº 6.938/81:

> Artigo 13 - O Poder Executivo incentivará as atividades voltadas ao meio ambiente, visando:
>
> I - ao desenvolvimento, no País, de pesquisas e processos tecnológicos destinados a reduzir a degradação da qualidade ambiental;
>
> II - à fabricação de equipamentos antipoluidores;
>
> III - a outras iniciativas que propiciem a racionalização do uso de recursos ambientais.
>
> Parágrafo único - Os órgãos, entidades, e programas do Poder Público, destinados ao incentivo das pesquisas científicas e tecnológicas, considerarão, entre as suas metas prioritárias, o apoio aos projetos que visem a adquirir e desenvolver conhecimentos básicos e aplicáveis na área ambiental e ecológica.
>
> Artigo 14 - Sem prejuízo das penalidades definidas pela legislação federal, estadual e municipal, o não cumprimento das medidas necessárias à preservação ou correção dos inconvenientes e danos causados pela degradação da qualidade ambiental sujeitará os transgressores:
>
> I - à multa simples ou diária, nos valores correspondentes, no mínimo, a 10 (dez) e, no máximo, a 1.000 (mil) Obrigações Reajustáveis do Tesouro Nacional - ORTNs, agravada em casos de reincidência específica, conforme dispuser o regulamento, vedada a sua cobrança pela União se já tiver sido aplicada pelo Estado, Distrito Federal, Territórios ou pelos Municípios.
>
> II - à perda ou restrição de incentivos e benefícios fiscais concedidos pelo Poder Público;
>
> III - à perda ou suspensão de participação em linhas de financiamento em estabelecimentos oficiais de crédito;
>
> IV - à suspensão de sua atividade.
>
> § 1º - Sem obstar a aplicação das penalidades previstas neste artigo, é o poluidor obrigado, independentemente da existência de culpa, a indenizar ou reparar os danos causados ao meio ambiente e a terceiros, afetados por sua atividade.

O Ministério Público da União e dos Estados terá legitimidade para propor ação de responsabilidade civil e criminal, por danos causados ao meio ambiente.

§ 2º - No caso de omissão da autoridade estadual ou municipal, caberá ao Secretário do Meio Ambiente a aplicação das penalidades pecuniárias previstas neste artigo.

§ 3º - Nos casos previstos nos incisos II e III deste artigo, o ato declaratório da perda, restrição ou suspensão será atribuição da autoridade administrativa ou financeira que concedeu os benefícios, incentivos ou financiamento, cumprindo resolução do Conama.

As atividades industriais geralmente contêm processos com grande potencial de poluição, pois envolvem drásticas transformações nas matérias-primas, o que acaba acarretando a produção de diversos resíduos com alta carga de periculosidade e insalubridade, representando assim impactos violentos ao meio ambiente e seres vivos. O crescimento econômico é essencial para o desenvolvimento industrial e social de um país, e não há como alcançar os objetivos de melhorias nos aspectos financeiros, tecnológicos, sociais e culturais sem utilizar os recursos naturais que a natureza oferece, seja como suprimento de matéria-prima de suas reservas, ou como uso energético para o processo dos meios produtivos.

Fique de olho!

De acordo com a Política Nacional de Resíduos Sólidos, são classificados como resíduos industriais aqueles provenientes das atividades industriais e que constam na relação da Resolução Conama nº 313/2002 para a elaboração do Inventário Nacional dos Resíduos Sólidos, como couro, combustíveis, produtos de metal, refino de petróleo, metalúrgica, álcool, produtos químicos, entre outros.

Foi apenas com o surgimento do conceito de desenvolvimento sustentável que se entendeu a necessidade de mecanismos para uma produção mais limpa das atividades industriais, e de políticas ambientais para a orientação das esferas públicas.

Figura 2.7 - O biocombustível derivado da cana-de-açúcar é ainda a opção mais difundida no Brasil como alternativa aos combustíveis fósseis: a iniciativa tem como finalidade agregar valor comercial aos seus passivos ambientais e incentivos financeiros para o desenvolvimento de mecanismos limpos em sua produção.

Entretanto, como persuadir as atividades produtivas a adotarem medidas mais sustentáveis?

É possível obrigar as empresas a avaliar seus impactos ambientais, adotar medidas mitigadoras para a prevenção ambiental, gerir seus passivos ambientais, entre outras diretrizes, por meio de instrumentos que possibilitem ônus à gestão ambiental, ou então mediante a restrição de mecanismos financeiros de atividades não sustentáveis e impactantes, como o corte de linhas de crédito e financiamento; veremos um destes instrumentos (Protocolo Verde) no próximo tópico.

2.8.1 Protocolo Verde

Com o objetivo de criar mecanismos que evitem a concessão de créditos e benefícios fiscais para empresas que causem impactos ao meio ambiente e, consequentemente, não tenham compromisso com o desenvolvimento sustentável de seus empreendimentos, o Governo Federal, em trabalho conjunto com a Federação Brasileira de Bancos (Febraban), o MMA e outras instituições, instituiu, em 1995, um instrumento legal de regulamentação para a liberação de financiamentos, firmados em um documento chamado Protocolo Verde, atendendo assim o artigo 12 da Política Nacional do Meio Ambiente (Lei nº 6.938/81), que diz:

> As entidades e órgãos de financiamento e incentivos governamentais condicionarão a aprovação de projetos habilitados a esses benefícios ao licenciamento, na forma desta Lei, e ao cumprimento das normas, dos critérios e dos padrões expedidos pelo Conama.

O documento é o resultado do grupo de trabalho formado pelo governo brasileiro e os principais bancos nacionais (Caixa Econômica Federal, Banco do Brasil, Banco da Amazônia, entre outros), responsáveis pela concessão de linhas de crédito, os Ministérios do Meio Ambiente, Agricultura, do Abastecimento e Reforma Agrária, Recursos Hídricos e outros órgãos públicos ligados à União, com diretrizes, objetivos e seus princípios gerais de compromisso público, sendo eles:

1) Financiar o desenvolvimento com sustentabilidade por meio de linhas de crédito e programas que promovam a qualidade de vida da população, o uso sustentável dos recursos naturais e a proteção ambiental.

2) Considerar os impactos socioambientais nas análises de ativos (próprios de terceiros) e análise de risco de clientes e de projetos de investimento, tendo por base a Política Nacional de Meio Ambiente.

3) Promover o consumo sustentável de recursos naturais e de materiais deles derivados nos processos internos.

4) Informar, sensibilizar e engajar as partes interessadas nas políticas e práticas de sustentabilidade da instituição.

5) Promover a harmonização de procedimentos, cooperação e integração de esforços entre as organizações signatárias na implementação desses princípios.

Para conseguir tais objetivos, as empresas precisaram encontrar modelos de gestão ambiental que pudessem ajudá-las a integrar mecanismos de desenvolvimento para uma produção mais limpa de seus processos, o que era necessário, já que muitas atividades do setor de produção e serviço também estão sujeitas a uma análise de seus riscos ambientais, para a concessão de licenciamento ambiental para operar, sendo essencial um sistema de gestão ambiental (SGA).

2.9 Sistema de Gestão Ambiental (SGA)

Os impactos ambientais causados por setores produtivos são inúmeros, principalmente na área industrial de bens de consumo e matéria-prima. A degradação ambiental, a poluição e o uso insustentável dos recursos naturais podem desestabilizar o meio ambiente e trazer grandes danos à saúde pública e laboral; portanto, é necessário que se tenha uma metodologia específica, que permita a avaliação dos impactos negativos que possam causar, e a implementação de impactos positivos que agreguem valores aos seus produtos, aos seus clientes e ao atendimento dos aspectos legais.

A gestão ambiental estuda e administra o exercício das atividades econômicas e sociais de forma a utilizar os recursos naturais renováveis ou não, de modo responsável e criterioso, visando a preservação do meio ambiente, a conservação de sua biodiversidade a redução dos impactos ambientais das atividades humanas nesse contexto. Entre os principais benefícios e objetivos que podem ser realizados por meio da gestão ambiental, podem ser citados:

- Técnicas para a recuperação de áreas degradadas (solos improdutivos, por exemplo).
- Técnicas de reflorestamento.
- Métodos para a exploração sustentável de recursos naturais.
- Estudo de riscos e impactos ambientais de novos empreendimentos.
- Reaproveitamento de resíduos inservíveis, como pneus, pilhas, baterias, entulhos etc.
- Estudo de novas tecnologias que venham de alguma forma contribuir para a melhoria da gestão.

A gestão ambiental deve ser introduzida no planejamento da empresa, para se alcançar a excelência de seu exercício e possibilitar as conquistas que se esperam em seu benefício, como o cumprimento das legislações vigentes, a prevenção de custos indiretos como sanções e indenizações judiciais, custos diretos como o desperdício de matérias-primas e recursos naturais (água, energia elétrica etc.) e a conquista do marketing ecológico, por meio da aquisição de certificados e rótulos ambientais.

A implantação de uma gestão ambiental em um processo produtivo possibilita também a avaliação do ciclo de vida de um produto fabricado e seus impactos ambientais, desde a sua origem até o seu destino final, fornecendo informações importantes para o desenvolvimento de alternativas de uma produção mais limpa, com adoção de tecnologia e procedimentos operacionais que minimizem ou eliminem seus passivos ambientais.

2.9.1 ISO 14001

Para que se contemple o sucesso da implantação de uma nova metodologia operacional e administrativa na organização, é necessária a adoção de um sistema de gestão que possibilite isso, e a NBR ISO 14001 é o modelo de gestão referencial mais adotado no mundo corporativo, por englobar uma estrutura similar às ferramentas de gestão administrativa (como a ISO 9000, para a certificação de excelência na qualidade produtiva) e ser relativamente de fácil compreensão e implantação.

A ISO 14001 é uma norma internacional que contém os requisitos para definir e operar um sistema de gestão ambiental e faz parte da série de normas ISO 14000, que tem como finalidade o controle dos impactos ambientais e o gerenciamento dos recursos naturais nos meios produtivos e de serviços, possibilitando sua certificação e outros benefícios comerciais e ambientais em reconhecimento aos cumprimentos da política ambiental inserida na empresa.

Há também o favorecimento indireto com o marketing positivo do envolvimento da empresa com a causa ambiental, e consequentemente a empatia da opinião pública, além da prevenção de custos adicionais, como indenizações processuais, multas e uma melhor racionalização dos pagamentos de tributos.

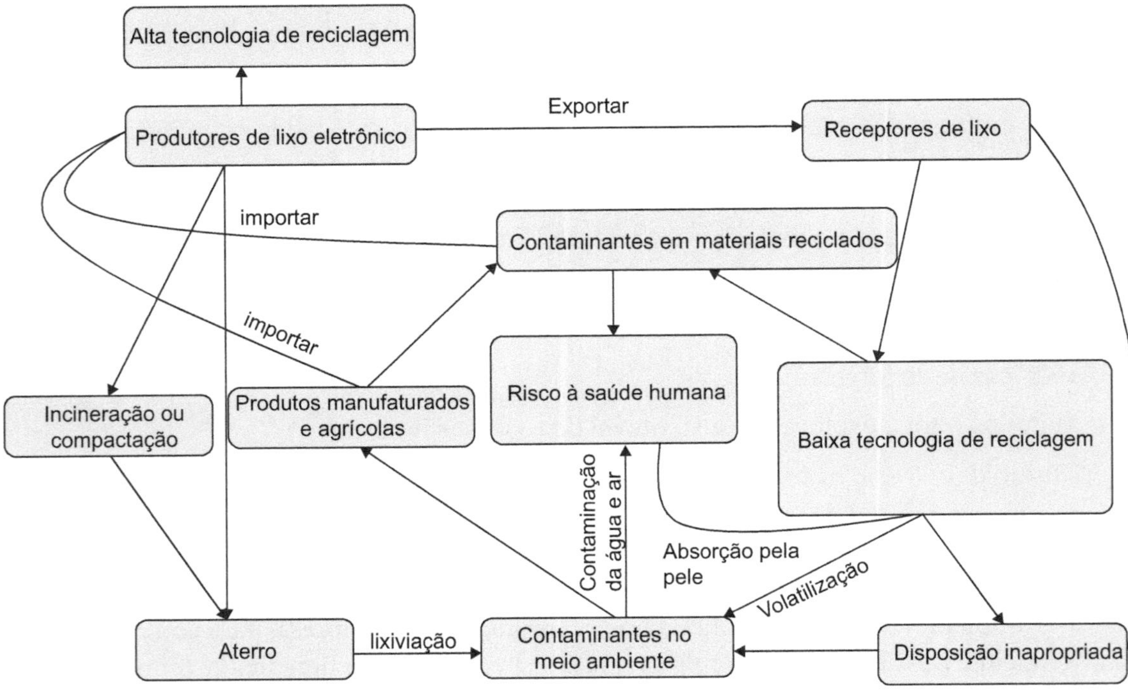

Figura 2.8 - Avaliação dos métodos de produção: além da prevenção de impactos negativos ao meio ambiente, tem como objetivo resguardar a integridade física e funcional dos trabalhadores, aspecto legal obrigatório para o cumprimento da norma regulamentadora nº 25 (Resíduos Industriais) do Ministério do Trabalho e Emprego (MTE).

2.9.2 Análise do Ciclo de Vida (ACV)

Infelizmente (ou seria felizmente?), a responsabilidade dos passivos ambientais dos setores produtivos não terminam com a comercialização de seus produtos, pois, além de o produto oferecer a funcionalidade que se espera, deve garantir que as propriedades que compõem suas características não venham agredir o meio ambiente.

A Lei nº 12305/2010 (Política Nacional de Resíduos Sólidos) determina, por meio de um instrumento específico, a logística reversa, que produtos gerados, produzidos, comercializados, e com resíduos altamente poluidores, retornem ao seu local de origem, para que sejam reciclados, reutilizados ou destinados de forma ambientalmente adequada; porém, há uma limitação dos resíduos sólidos que devam atender a logística reversa. Outros produtos impactantes podem e devem acompanhar seus impactos durante toda a sua "vida" - no caso, a Análise do Ciclo de Vida do Produto (ACV).

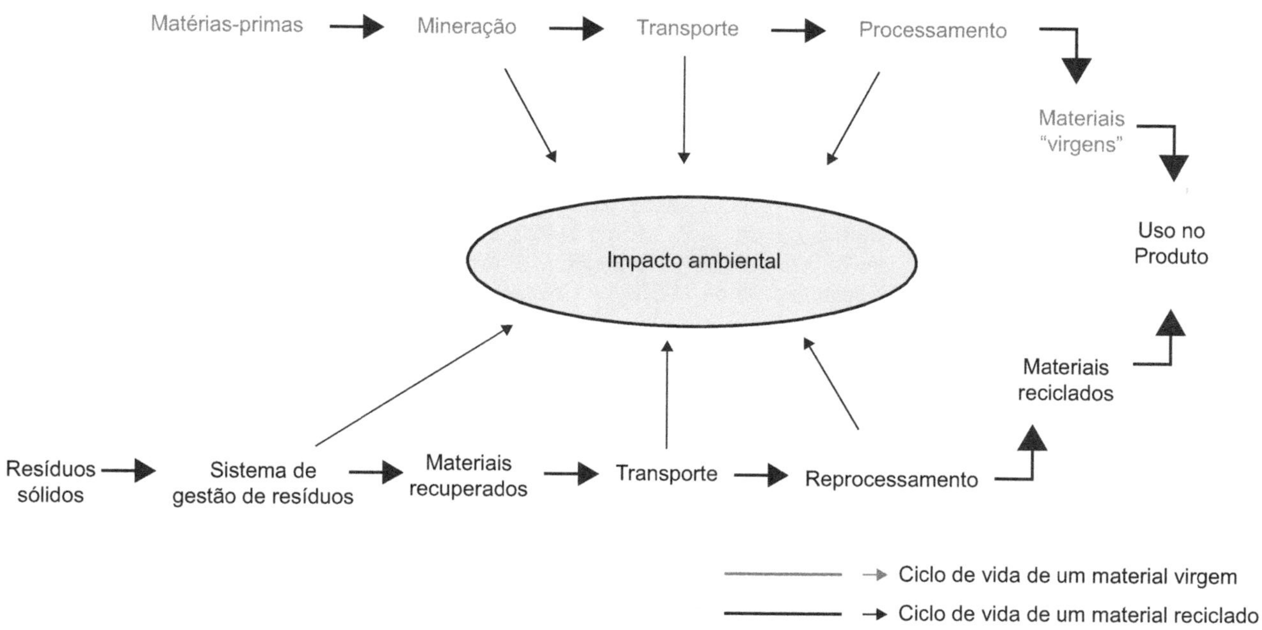

Figura 2.9 - O ciclo de vida de um produto é relativamente curto, em comparação ao de um material reciclado, que é contínuo e benéfico. Ambos causarão impactos; se negativo ou positivo, dependerá da gestão desse produto antes, durante e depois de sua industrialização.

A ACV consiste na análise de impactos ambientais dos produtos, sendo parte integrante do "Programa Brasileiro de Avalição do Ciclo de Vida", do Ministério do Desenvolvimento, Indústria e Comércio Exterior (MDIC) e do Conselho Nacional de Metrologia, Normalização e Qualidade Industrial (Conmetro), que, por meio da Resolução nº 04, de 15 de dezembro de 2010, estabelece os seguintes objetivos:

» Avaliar as cargas ambientais associadas a um produto, processo ou atividade, por meio da identificação e quantificação de energia e materiais usados e resíduos liberados;
» Avaliar o impacto da energia e materiais lançados no meio ambiente; e
» Identificar e avaliar as oportunidades que afetam o melhoramento ambiental durante todo o ciclo de vida do produto, processo ou atividade, envolvendo a extração e o processamento de matérias-primas brutas, manufatura, transporte, distribuição, uso, reuso, manutenção, reciclagem e destinação final.

As principais etapas para a análise do ciclo de vida dos produtos são:

» A definição dos objetivos e da amplitude das análises.
» A análise de inventário, com o recolhimento de dados de entrada e saída (quantificação).
» A análise e classificação dos impactos ambientais.
» E, por último, a interpretação dos resultados obtidos.

Outras normas ISO 14000 têm como objetivo auxiliar a gestão ambiental para a ACV, como a ISO 14040 (Análise do Ciclo de Vida), a ISO 14041 (Inventário do Ciclo de Vida) e a ISO 14042 (Avaliação do Impacto no Ciclo de Vida), que, além de estabelecerem objetivos e diretrizes, têm uma estrutura metodológica similar à que deve ser utilizada na AIA, só que de forma mais segmentada.

Amplie seus conhecimentos

Edis Milaré

Edis Milaré é um procurador da justiça aposentado, advogado, consultor, professor e escritor; em suma, é um dos maiores especialistas em Direito Ambiental do país, fruto da vasta experiência pública e doutrinária.

Ocupou a Secretaria do Meio Ambiente do Estado de São Paulo (1992 a 1995), entre outros cargos públicos da área ambiental. Foi um dos fundadores da *Revista do Direito Ambiental*, e teve importante participação na elaboração do Capítulo VI (Ordem Social) da Constituição Federal de 1988, principalmente nos assuntos ligados à cidadania e política ambiental.

Bacharel em Direito pelo Mackenzie, e doutorado e mestrado em Direitos Difusos e Coletivos pela PUC-SP, publicou vários livros jurídicos ambientais, entre os quais *Direito do Ambiente*, sua obra mais conhecida, sendo aclamado como uma das grandes referências do Direito Ambiental brasileiro.

Para saber mais, acesse: <http://www.milare.adv.br/en/edis-milare>

Vamos recapitular?

Neste capítulo estudamos a definição de AIA, seus objetivos, conceitos, estrutura e seus princípios; também foram abordadas outras diretrizes para a avaliação dos impactos ambientais, como AAE e a AAI e os seus objetivos no contexto geral, e introduzimos o leitor no aspecto de avaliação dos impactos nos setores produtivos, por meio do Sistema de Gestão Ambiental (SGA) e dos benefícios gerados para o setor em sua implementação, como a aquisição de certificados ambientais e incentivos econômicos.

Agora é com você!

1) Há algum empreendimento ou atividade produtiva que esteja sendo desenvolvida, e que, em sua análise, possa representar um risco potencial de degradação ambiental ou de poluição para o meio ambiente? Faça um levantamento dos fatores ambientais que possam ser atingidos e descreva resumidamente os impactos negativos encontrados.

2) A ISO 14001 é um sistema de gestão ambiental para os passivos ambientais das empresas, e de gerenciamento sustentável dos recursos naturais nas empresas; é possível a sua implantação em empreendimentos de grande porte, como estradas, hidrelétricas ou construção de aeroportos? Justifique a sua resposta, sempre fundamentando com exemplos.

3) Em sua opinião, quais as semelhanças e diferenças dos impactos ambientais, negativos ou positivos, gerados pelos grandes empreendimentos de infraestrutura e de desenvolvimento econômico e as indústrias de bens e serviços? Explique.

3

Estudos dos Impactos Ambientais (EIA)

Para começar

Os Estudos dos Impactos Ambientais (EIA) são uma das principais ferramentas para a avaliação das atividades impactantes. Neste capítulo, veremos os principais pontos para a sua elaboração, os seus aspectos legais, ecológicos e econômicos, assim como os aspectos éticos e os princípios que regem sua aplicação, além dos requisitos que devem ser implantados para a sua estruturação.

3.1 Garantias constitucionais

Como vimos no capítulo anterior, a ocorrência dos impactos ambientais alteram de forma significativa o meio ambiente, devendo ser observadas todas as suas variáveis, ou seja, como são gerados, as suas consequências, seu potencial, abrangência, os aspectos negativos e positivos, as medidas mitigadoras, entre outros fatores; para tanto, é necessário que se conheçam detalhadamente todos os tópicos envolvidos, pois não há como gerenciar o que não se conhece.

E como alcançar tais objetivos? Por meio do EIA, que se trata de um escopo contendo as linhas gerais de empreendimentos e atividades que possam causar degradação ambiental, e que deve apresentar não só os impactos ambientais como também as soluções que favoreçam o seu controle. É por meio das análises de causas e efeitos destes estudos que se torna possível o desenvolvimento conclusivo do Relatório de Impacto Ambiental (RIMA), e que veremos posteriormente neste livro.

Importante instrumento de gestão ambiental, os relatórios são apresentados em audiências públicas, e os seus objetivos vêm cumprir a obrigatoriedade dos estudos ambientais e, assim, garantir os direitos e as obrigações na preservação do meio ambiente, determinados nas alíneas do artigo 225 da Constituição Federal de 1988, que reza da seguinte maneira:

> Art. 225. Todos têm direito ao meio ambiente ecologicamente equilibrado, bem de uso comum do povo e essencial à sadia qualidade de vida, impondo-se ao Poder Público e à coletividade o dever de defendê-lo e preservá-lo para as presentes e futuras gerações.
>
> § 1º - Para assegurar a efetividade desse direito, incumbe ao Poder Público:
>
> I - preservar e restaurar os processos ecológicos essenciais e prover o manejo ecológico das espécies e ecossistemas;
>
> II - preservar a diversidade e a integridade do patrimônio genético do País e fiscalizar as entidades dedicadas à pesquisa e manipulação de material genético;
>
> III - definir, em todas as unidades da Federação, espaços territoriais e seus componentes a serem especialmente protegidos, sendo a alteração e a supressão permitidas somente através de lei, vedada qualquer utilização que comprometa a integridade dos atributos que justifiquem sua proteção;
>
> IV - exigir, na forma da lei, para instalação de obra ou atividade potencialmente causadora de significativa degradação do meio ambiente, estudo prévio de impacto ambiental, a que se dará publicidade; (Regulamento)
>
> V- controlar a produção, a comercialização e o emprego de técnicas, métodos e substâncias que comportem risco para a vida, a qualidade de vida e o meio ambiente;
>
> VI - promover a educação ambiental em todos os níveis de ensino e a conscientização pública para a preservação do meio ambiente;
>
> VII - proteger a fauna e a flora, vedadas, na forma da lei, as práticas que coloquem em risco sua função ecológica, provoque a extinção de espécies ou submetam os animais a crueldade.
>
> § 2º - Aquele que explorar recursos minerais fica obrigado a recuperar o meio ambiente degradado, de acordo com solução técnica exigida pelo órgão público competente, na forma da lei.
>
> § 3º - As condutas e atividades consideradas lesivas ao meio ambiente sujeitarão os infratores, pessoas físicas ou jurídicas, a sanções penais e administrativas, independentemente da obrigação de reparar os danos causados.
>
> § 4º - A Floresta Amazônica brasileira, a Mata Atlântica, a Serra do Mar, o Pantanal Mato-Grossense e a Zona Costeira são patrimônio nacional, e sua utilização far-se-á, na forma da lei, dentro de condições que assegurem a preservação do meio ambiente, inclusive quanto ao uso dos recursos naturais.
>
> § 5º - São indisponíveis as terras devolutas ou arrecadadas pelos Estados, por ações discriminatórias, necessárias à proteção dos ecossistemas naturais.

§ 6º - As usinas que operem com reator nuclear deverão ter sua localização definida em lei federal, sem o que não poderão ser instaladas.

Como podemos verificar, há na Carta Magna a inserção de vários aspectos ambientais a serem trabalhados. No decorrer dos anos, outras políticas e leis ambientais foram sendo desenvolvidas para a implementação de medidas mitigadoras de prevenção ambiental, para o controle dos recursos naturais e o incentivo ao desenvolvimento sustentável da produção, sendo os aspectos sociais essenciais em todo esse contexto.

3.2 EIA: conceitos e objetivos

O EIA deve ser desenvolvido de modo a estabelecer uma conexão do que esteja sendo proposto e o alcance de soluções concretas, ou seja, uma compreensão lógica e inteligível dos ambientes físicos, biológicos e sociais avaliados, para que seja possível a prevenção dos impactos gerados por meio sua quantificação e qualificação.

No entanto, quais os critérios mínimos que devem ser observados no seu desenvolvimento, afinal?

Além de atender princípios e objetivos das mais variadas leis e políticas vigentes, cada uma em seu tempo e finalidade, o artigo 5º da Resolução Conama nº 01 /86, em sua redação oficial, determina as seguintes diretrizes gerais para o desenvolvimento dos estudos ambientais:

> I - Contemplar todas as alternativas tecnológicas e de localização de projeto, confrontando-as com a hipótese de não execução do projeto;
>
> II - Identificar e avaliar sistematicamente os impactos ambientais gerados nas fases de implantação e operação da atividade;
>
> III - Definir os limites da área geográfica a ser direta ou indiretamente afetada pelos impactos, denominada área de influência do projeto, considerando, em todos os casos, a bacia hidrográfica na qual se localiza;
>
> IV - Considerar os planos e programas governamentais, propostos e em implantação na área de influência do projeto, e sua compatibilidade.
>
> Parágrafo Único - Ao determinar a execução do estudo de impacto ambiental o órgão estadual competente, ou o IBAMA ou, quando couber, o Município, fixará as diretrizes adicionais que, pelas peculiaridades do projeto e características ambientais da área, forem julgadas necessárias, inclusive os prazos para conclusão e análise dos estudos.

Todavia, as leis ambientais também são regidas por outros princípios, além dos meramente técnicos, e que também devem ser analisados para a sua compreensão e aplicação, e que englobam os aspectos legais, ecológicos, econômicos e éticos em seu desenvolvimento, os quais veremos a seguir.

3.2.1 Aspectos legais

Muitos foram os eventos políticos ambientais que deram sua contribuição para conscientizar a comunidade internacional da necessidade de gerir os impactos ambientais causados pelos empreendimentos de infraestruturas, dos setores produtivos e de desenvolvimento social e urbanístico, como os relatórios elaborados pelo Clube de Roma (1968) e que originaram o livro *Os limites do crescimento*, que trouxe o alerta para o perigo da escassez dos recursos naturais, a contaminação ambiental em níveis perigosos e outras sequelas socioeconômicas em um prazo de 100 anos, caso providências futuras não fossem tomadas imediatamente para a sua prevenção.

Ainda no ano de 1968, foi realizada, em Paris, a Conferência sobre a Conservação e o Uso Racional dos Recursos da Biosfera, em que foram estabelecidas as bases para o lançamento, em 1971, do Programa Homem e a Biosfera (MAB) pela Organização das Nações Unidas para a educação, a ciência e a cultura (Unesco), que trata da conservação da biodiversidade e das melhorias nas relações entre o homem e o meio ambiente; os exemplos já citados foram determinantes para que a Assembleia das Nações Unidas, no ano de 1968, decidisse realizar a primeira conferência sobre meio ambiente em escala global, com a participação ampla de vários países, marcada em 1972 na cidade de Estocolmo, Suécia.

Já nos Estados Unidos, uma lei federal denominada *National Environmental Policy Act of 1969*, conhecida pela sigla NEPA, surgiu como instrumento legal para determinar princípios e objetivos a serem seguidos pelas atividades e empreendimentos impactantes, devendo estes identificar em seus impactos ambientais, o nexo causal, as melhorias no uso dos recursos naturais, entre outras análises decorrentes, servindo como inspiração para a introdução da avaliação dos impactos ambientais, nos programas de desenvolvimentos econômicos e sociais de organizações importantes como a Organização das Nações Unidas (ONU), o Banco Interamericano de Desenvolvimento (BID) e o Banco Mundial (BIRD).

No cenário nacional, o primeiro dispositivo legal que determinou a avaliação de impactos ambientais, como instrumento obrigatório para os estudos ambientais de atividades impactantes, foi a Lei nº 6.938 de 31 de agosto de 1981, que estabeleceu a Política Nacional do Meio Ambiente (PNMA) e criou, para a sua execução, o Sistema Nacional do Meio Ambiente (Sisnama), o qual delega, para deliberar sobre o assunto, o Conselho Nacional do Meio Ambiente (Conama), um dos principais órgãos de sua estrutura administrativa, que prevê o seguinte em seu 8.º artigo:

> [...] Compete ao Conama determinar, quando julgar necessário, a realização de estudos das alternativas e das possíveis consequências ambientais de projetos públicos ou privados, requisitando aos órgãos federais, estaduais e municipais, bem assim a entidades privadas, as informações indispensáveis para apreciação dos estudos de impacto ambiental, e respectivos relatórios, no caso de obras ou atividades de significativa degradação ambiental, especialmente nas áreas consideradas patrimônio nacional.

A Lei nº 6.938/81 é um marco na legislação ambiental brasileira, pois integrou em sua política nacional todos os dispositivos legais e órgãos ambientais vigentes nas esferas públicas (federal, estadual e municipal), vislumbrando a criação de novas políticas ambientais, em atendimento às novas necessidades de desenvolvimento, ao cumprimento de acordos internacionais e a revisão de melhorias nas leis já existentes, e que devem ser observadas, como parâmetros na prevenção de ações danosas ao meio ambiente, como:

- A Política Nacional de Resíduos Sólidos (Lei nº 12305/2010).
- A Política Nacional de Recursos Hídricos (Lei nº 9.433/97).
- A Política Nacional de Mudanças Climáticas (Lei nº 12.187/2909).
- A Lei de Crimes Ambientais (Lei nº 9.605/98).
- O Novo Código Florestal (Lei nº 12.651/2012).
- A Lei de Proteção da Fauna (Lei nº 5.197/67).
- O Estatuto da Cidade (Lei nº 10.257/2001).
- A Lei de Zoneamento Ecológico-Econômico do Brasil - ZEE (Decreto nº 4.297/2002).

Além dessas citadas, há outras leis que devem ser observadas, como as Resoluções do Conama, que, como citado anteriormente, é o órgão consultivo e deliberativo responsável pelos critérios que devem ser adotados para os EIAs, e o licenciamento de atividades e empreendimentos impactantes, as legislações estaduais e municipais, além de outros dispositivos importantes de gestão ambiental, como as normas de certificação ambiental (ISO 14001).

3.2.2 Aspectos ecológicos

Conhecer os aspectos ecológicos é outro fator importante na avaliação dos impactos ambientais, pois se constitui parte essencial para a compreensão das ações antrópicas e seus respectivos danos ao meio ambiente, assim como uma maior conscientização sobre as profundas alterações inseridas, e consequentemente, sua valorização. Daí a importância de serem estudados todos os aspectos ambientais que o compõem, como a atmosfera, a hidrosfera, a litosfera e a biosfera, uma vez que englobam os componentes necessários ao beneficiamento dos recursos naturais, na manutenção da qualidade de vida ambiental e de interesses sociais e econômicos.

No entanto, como podemos traduzir isto em termos práticos?

O desenvolvimento econômico e social faz parte dos anseios humanos, que, no decorrer da história do Brasil, desbravaram florestas, extraíram ao máximo seus recursos naturais e promoveram expansão demográfica de forma desordenada para alcançar tais objetivos, sem qualquer planejamento urbanístico ou análise ambiental. Na construção de estradas, hidroelétricas ou conjuntos habitacionais, entre outros empreendimentos, seus efeitos impactantes devem ser avaliados antes de seu pleno desenvolvimento, por meio de estudos que contemplem dados qualitativos e quantitativos das áreas que sofrerão as alterações, inclusive dos ambientes artificiais já constituídos na região, como edificações, patrimônios históricos e a infraestrutura local.

Em resumo, os estudos ambientais definirão alternativas tecnológicas para o desenvolvimento de empreendimentos, o local para a sua implementação e a inserção de impactos positivos em sua concepção, que, se não refletirem melhorias ou manutenção dos aspectos ambientais já existentes, não serão executados, de acordo com o princípio da prevenção, que é a possibilidade real de os riscos acontecerem, mediante a lógica científica de fatos e probabilidades, ou seja, seu nexo-causal.

Figura 3.1 - Laboratório de análises de solo da Universidade do Rio Grande do Sul, em Porto Alegre: as amostras colhidas para a determinação das características do meio físico são parte integrante dos EIAs, que são realizados em trabalho de campo pelos especialistas, conforme os aspectos legais da Resolução Conama 01/86 exigem. Foto: novembro de 2013.

3.2.3 Aspectos econômicos e sociais

Os danos ambientais gerados por empreendimentos e setores produtivos podem inviabilizar economicamente uma determinada região, devendo ser estudados seus possíveis impactos e o quanto tais alterações podem significar em termos de danos ambientais. Além dos aspectos ecológicos, os fatores econômicos e sociais fazem parte do tripé conceitual do desenvolvimento sustentável e, longe de serem um empecilho ao progresso tecnológico e humano, têm como finalidade agregar outros valores essenciais a esses fatores, como a responsabilidade social e os mecanismos de produção mais limpa nas atividades produtivas.

O desenvolvimento a qualquer custo não traz nenhum benefício aos progressos citados se não forem considerados os impactos que possam causar em um ambiente (natural ou artificial) já estruturado, principalmente se não houver um estudo criterioso sobre as peculiaridades de uma cidade ou região, como sua infraestrutura operacional e administrativa, costumes culturais, volume demográfico, condições econômicas etc.

Contudo, como os impactos ambientais podem influenciar nos quesitos citados? Vejamos a seguir.

- A construção de um parque industrial pode ser benéfico a uma cidade, gerando empregos e aumento econômico em renda *per capita* e de tributos à população e aos órgãos públicos locais; porém, pode ser danoso ao meio ambiente e à saúde pública se contaminar os recursos hídricos e promover queda na qualidade ambiental, por meio da dispersão de líquidos residuais nos efluentes e gases tóxicos na atmosfera.
- A construção de rodovias, linhas férreas ou aeroportos podem significar melhor escoamento da produção e das melhorias no transporte público, mas descampar áreas com vegetação nativa e fazer profundas alterações na crosta terrestre podem causar erosão, desmoronamentos nas encostas, destruição de ecossistemas e afetar economicamente cidades que dependam exclusivamente dos seus recursos naturais, como o turismo ecológico ou atividades pesqueiras.
- A ampliação de moradias é sempre bem-vinda, principalmente para a população mais carente, que sofre com o déficit habitacional e não possui condições econômicas para suprir essa necessidade social; mas a iniciativa deve ser desenvolvida por meio de um eficiente plano diretor de urbanização, que não comprometa as áreas ambientais de reservas permanentes, possibilite a implantação de infraestrutura básica (saneamento do meio, rede de água e esgoto, ruas pavimentadas, iluminação pública, coleta seletiva do lixo) e não interfira nos direitos constituídos na população local, sejam eles tradicionais (indígenas), sejam trabalhadores (extrativistas de subsistência).

Como podemos observar, os EIAs vão além da promoção ecologicamente correta, como forma de atender aos preceitos legais e de satisfação política à opinião pública; é uma necessidade real de beneficiamento econômico e social, da qual sabiamente a natureza nos fez "refém", para a manutenção dos seres vivos e de sua própria existência.

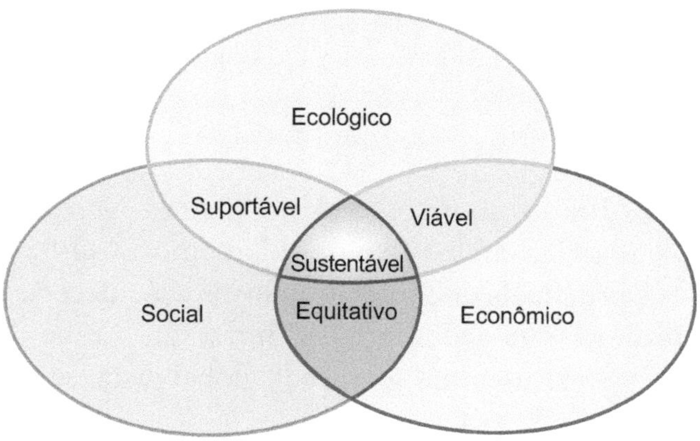

Johann Dréo (User:Nojhan) /Translator: Alchimista/Wikimedia Commons

Figura 3.2 - Os aspectos ecológicos devem vir em primeiro na lista de prioridades do desenvolvimento sustentável: sem recursos naturais, não há desenvolvimento econômico; sem desenvolvimento econômico, não há crescimento social.

3.2.4 Aspectos éticos

Dissertar sobre ética é sempre um fato complicador, pois abrange ideias conflitantes e que podem variar de acordo com os costumes e lugares de cada região, cidade ou um povo específico; e, se em assuntos como a política, a medicina, a educação e a religião, possibilita-se o surgimento de teses divergentes calorosas, na questão ambiental também não seria diferente, já que se trata de um tema ainda pouco familiarizado (e valorizado) pela sociedade.

Ética é uma palavra derivada da palavra grega *ethos* e que significa "o modo de ser", "caráter", ou,conforme dicionário Houaiss da Língua Portuguesa:

> O conjunto dos costumes e hábitos fundamentais, no âmbito do comportamento (instituições, afazeres etc.) e da cultura (valores, ideias, crenças) característicos de uma determinada coletividade, época ou região, ou ainda, caráter pessoal; padrão relativamente constante de disposições morais, afetivas, comportamentais e intelectivas de um indivíduo" (VILLAR; HOUAISS, 2001, p. 1271).

Nos meios acadêmicos do Direito Ambiental, as correntes doutrinárias da ética ecológica dividem-se em várias linhas de pensamento. As principais são:

» Antropocentrismo: é a visão mais tradicional do Direito, que defende a centralidade indiscutível do ser humano, ou seja, o homem é o centro do universo.

» Ecocentrismo: o homem é apenas um dos componentes da natureza e, como ser biológico e ecológico que é, tem deveres na preservação ambiental para a manutenção de sua própria existência.

» Biocentrismo: baseia-se na valoração dos demais seres vivos e serviu como inspiração para o surgimento do abolicionismo, ou seja, a defesa dos direitos dos animais.

O caro leitor deve estar se perguntando: como os aspectos éticos podem influenciar os EIAs?

Independentemente da corrente filosófica citada, os agentes envolvidos nos estudos ambientais devem possuir afinidades com todos os aspectos importantes que compõem o meio ambiente e, acima de tudo, comprometimento com aquilo que é essencial para o êxito daquilo que se propõe, que é o respeito à natureza e a todos os seres vivos, o que só é possível mediante uma reserva moral e ética enraizada em sua personalidade.

3.2.4.1 Carta da Terra: princípios éticos

A Conferência das Nações Unidas sobre o Meio Ambiente e Desenvolvimento (CNUMAD), realizada no Rio de Janeiro, em 1992, também conhecida como ECO 92, Rio 92 ou Cimeira da Terra, explicita em um dos seus principais documentos a inspiração necessária para que tais fundamentos filosóficos sejam aplicados. Trata-seda Carta da Terra, que é uma declaração de princípios éticos para a construção, no século 21, de uma sociedade global justa, sustentável e pacífica. Resumidamente, são os seguintes:

I. Respeitar e cuidar da comunidade da vida

1) Respeitar a Terra e a vida em toda sua diversidade.

2) Cuidar da comunidade da vida com compreensão, compaixão e amor.

3) Construir sociedades democráticas justas, participativas, sustentáveis e pacíficas.

4) Garantir as dádivas e a beleza da Terra para as atuais e as futuras gerações.

II. Integridade ecológica

1) Proteger e restaurar a integridade dos sistemas ecológicos da Terra.
2) Prevenir o dano ao ambiente como o melhor método de proteção ambiental.
3) Adotar padrões de produção, consumo e reprodução que protejam as capacidades regenerativas da Terra, os direitos humanos e o bem-estar comunitário.
4) Avançar o estudo da sustentabilidade ecológica.

III. Justiça social e econômica

1) Erradicar a pobreza como imperativo ético, social e ambiental.
2) Garantir que atividades e instituições econômicas em todos os níveis promovam o desenvolvimento humano de forma equitativa e sustentável.
3) Afirmar a igualdade e a equidade de gênero como pré-requisitos para o desenvolvimento sustentável e assegurar o acesso universal à educação, à assistência de saúde e às oportunidades econômicas.
4) Defender, sem discriminação, os direitos de todas as pessoas a um ambiente natural e social, capaz de assegurar a dignidade humana, a saúde corporal e o bem-estar espiritual, concedendo especial atenção aos direitos dos povos indígenas e minorias.

IV. Democracia, não violência e paz

1) Fortalecer as instituições democráticas em todos os níveis.
2) Integrar, na educação formal e na aprendizagem, os conhecimentos de vida sustentável.
3) Tratar todos os seres vivos com respeito e consideração.
4) Promover uma cultura de tolerância, não violência e paz.

3.3 Estrutura do EIA

Nos tópicos anteriores, pudemos verificar de forma conceitual os diversos fatores que envolvem os estudos ambientais, sendo necessário conhecer profundamente todos os aspectos gerados pelos impactos ambientais para a implementação de medidas mitigadoras, ou os benefícios decorrentes.

No entanto, quais as etapas a serem seguidas?

Em qualquer desenvolvimento de um trabalho sério, critérios técnicos devem ser adotados para que se chegue a resultados concretos; somente por meio de uma metodologia específica será possível alcançar tais objetivos nos estudos.

Em resumo, é necessário organizar os EIAs, e a sua estruturação deve obedecer a uma sequência lógica, que permita seu pleno desenvolvimento, desde a sua concepção até seus resultados conclusivos, ou seja, os RIMAs.

A Resolução Conama nº 01/1986 descreve em seu artigo 6º as seguintes atividades técnicas para o desenvolvimento dos EIAs, importantes para a sequência das prioridades:

> I - Diagnóstico ambiental da área de influência do projeto, completa descrição e análise dos recursos ambientais e suas interações, tal como existem, de modo a caracterizar a situação ambiental da área, antes da implantação do projeto, considerando:
>
> a) o meio físico - o subsolo, as águas, o ar e o clima, destacando os recursos minerais, a topografia, os tipos e aptidões do solo, os corpos d'água, o regime hidrológico, as correntes marinhas, as correntes atmosféricas;
>
> b) o meio biológico e os ecossistemas naturais - a fauna e a flora, destacando as espécies indicadoras da qualidade ambiental, de valor científico e econômico, raras e ameaçadas de extinção e as áreas de preservação permanente;
>
> c) o meio socioeconômico - o uso e ocupação do solo, os usos da água e a sócio-economia, destacando os sítios e monumentos arqueológicos, históricos e culturais da comunidade, as relações de dependência entre a sociedade local, os recursos ambientais e a potencial utilização futura desses recursos.
>
> II - Análise dos impactos ambientais do projeto e de suas alternativas, através de identificação, previsão da magnitude e interpretação da importância dos prováveis impactos relevantes, discriminando: os impactos positivos e negativos (benéficos e adversos), diretos e indiretos, imediatos e a médio e longo prazos, temporários e permanentes; seu grau de reversibilidade; suas propriedades cumulativas e sinérgicas; a distribuição dos ônus e benefícios sociais.
>
> III - Definição das medidas mitigadoras dos impactos negativos, entre elas os equipamentos de controle e sistemas de tratamento de despejos, avaliando a eficiência de cada uma delas.
>
> IV - Elaboração do programa de acompanhamento e monitoramento (os impactos positivos e negativos, indicando os fatores e parâmetros a serem considerados).

É importante saber que cada município possui características ambientais e peculiaridades regionais, cuja detecção nos estudos nem sempre é possível, devendo ser comunicado ao órgão estadual responsável ou ao próprio IBAMA as informações mais relevantes, para que os trabalhos saiam a contento do que se propõe, possibilitando um diagnóstico com um mínimo de confiabilidade e segurança.

3.4 Formato básico para o EIA

O EIA é exigido em atividades produtivas ou empreendimentos que possam causar impactos negativos ao meio ambiente, e seus objetivos de prevenção e precaução devem proporcionar o suporte técnico e administrativo para seu alcance, começando pelo detalhamento dos projetos supostamente impactantes.

Instrumento importantíssimo para a avaliação dos riscos ambientais, o EIA deve ser realizado por uma equipe multidisciplinar independente e apresentar condições técnicas para seu desenvolvimento em diversos aspectos (ecológicos, econômicos, legais, sociais), observando que

> correrão por conta do proponente do projeto todas as despesas e custos referentes á realização do estudo de impacto ambiental, tais como: coleta e aquisição dos dados e informações, trabalhos e inspeções de campo, análises de laboratório, estudos técnicos e científicos e acompanhamento e monitoramento dos impactos e a elaboração do RIMA.

É o que determina a Resolução Conama nº 01/ 86 em seu artigo 8º.

Não há necessariamente um formato-padrão para a elaboração do documento, já que os empreendimentos diferem de acordo com os aspectos de suas atividades, podendo ser incluídos dados peculiares das regiões, desde que embasados em requerimentos legais obrigatórios dos órgãos estaduais responsáveis; mas há um consenso destes, em um roteiro básico que deve ser seguido, para fornecer o mínimo de informações que atendam o artigo 6º da referida lei, que veremos a partir de agora.

3.4.1 Descrição dos empreendimentos

A descrição dos empreendimentos é descrito no escopo com a finalidade de prestar informações básicas dos projetos, como o cronograma e suas respectivas etapas, a localização geográfica de sua implantação, mapas, programas e projetos setoriais já existentes, alternativas de expansão ou alterações, objetivos ambientais e sociais, além de outras informações relevantes.

Vejamos resumidamente, como exemplo, o modelo para a elaboração do EIA, conforme a instrução da Secretaria de Estado de Meio Ambiente e Desenvolvimento Sustentável de Minas Gerais, para instruir o processo de licenciamento de operação corretiva do Sistema de Abastecimento de Água - Copasa - Sistema Rio Manso, e que serve como ilustração para o entendimento o leitor:

> [...] 4.3.1 Deverá ser apresentada a localização do projeto, em escala adequada, indicando, na área de influência direta e, nos projetos de sistemas de captação, na Área de Proteção do Manancial:
>
> » uso e a ocupação atual do solo;
>
> » os setores, zonas ou bairros beneficiados pelo empreendimento;
>
> » os corpos d'água e seus usos;
>
> » a cobertura vegetal;
>
> » os assentamentos populacionais, os equipamentos urbanos e de lazer;
>
> » as vias de acesso.
>
> [...] 4.3.2 Deverá ser apresentado o Memorial Descritivo do empreendimento contendo, no mínimo, as seguintes informações:
>
> » concepção, dimensionamento e características técnicas dos elementos do sistema;
>
> » área e população atendidas, e período de alcance do empreendimento;
>
> » previsão de ampliação do sistema;
>
> » descrição dos sistemas operacionais.

[...] 4.3.3 Deverá ser apresentada a caracterização e justificativa da escolha do manancial selecionado, em relação aos seguintes aspectos:

- » condições de proteção do manancial, especialmente quanto à cobertura vegetal e pressão de ocupação urbana;
- » características físico-químicas e bacteriológicas do manancial.

[...] 4.3.4 Deverão ser apresentadas, no mínimo, as seguintes representações gráficas do sistema, em escala adequada:

- » layout das unidades indicando a distribuição das áreas destinadas às diferentes unidades e componentes do sistema, inclusive pátios de serviços e manobras, faixas de proteção, pontos de geração, armazenamento e destinação final de resíduos, etc.;
- » localização das áreas previstas para ampliação e implantação de unidades complementares ao sistema, etc.;
- » detalhes das estruturas de captação;
- » traçado dos sistemas de adução indicando a faixa de domínio e as possíveis interferências com sistemas viários, cursos d'água e com outros sistemas ou equipamentos urbanos.

[...] 4.3.5 Deverão ser apresentadas, no mínimo, as seguintes informações sobre a etapa de operação:

- » vazão, frequência e duração das descargas de fundo dos reservatórios de barragens;
- » procedimentos e frequência das operações de descarga das adutoras;
- » procedimentos operacionais da unidade de destinação final dos resíduos gerados na ETA;
- » procedimentos operacionais e programas de manutenção;
- » qualificação e estimativa da mão de obra.

(FUNDAÇÃO ESTADUAL DO MEIO AMBIENTE)

Como podemos observar no exemplo anterior, as diretrizes do empreendimento são definidas em linhas gerais, determinando o que é preciso ser estudado para a prevenção dos impactos negativos e beneficiamento dos ônus positivos. O empreendimento deve ser estruturado conforme as necessidades técnicas dos projetos, que, além desses dados, devem conter informações gerais da organização, como nome do empreendimento, identificação da empresa, razão social, endereço, nome do responsável, inscrição estadual, CGC etc.

3.4.2 Área de influência

As alterações decorrentes da implantação, manutenção e operação dos empreendimentos também são variáveis no tocante à influencia de seus impactos e devem ser criteriosamente analisadas nos estudos ambientais, principalmente para definir os procedimentos de prevenção, controle e monitoramento das atividades; em resumo, há de se delimitar geograficamente, por meio de mapas, até onde os riscos de impactos ambientais podem chegar, em uma determinada área.

Confuso? Vejamos a seguir. Dependendo do potencial de uma determinada atividade, como uma siderúrgica, seus danos podem se limitar apenas aos perímetros de desenvolvimento do seu parque industrial; ou pode se expandir à comunidade, aos outros setores econômicos e ao meio ambiente à sua volta; pode abranger a todos os ecossistemas da região em uma escala macro, além de outras populações em cidades vizinhas; porém, seus impactos também podem ser benéficos, portanto devem ser potencializados; há a possibilidade de os impactos serem de menor incidência, o que não significa que não venha causar danos ambientais, pois, dependendo do potencial do evento, basta que aconteça uma única vez para surtir o efeito indesejado (exemplo: acidente nuclear).

Portanto, a área de influência é o espaço suscetível a sofrer as alterações no desenvolvimento dos projetos, e o seu espaço geográfico pode sofrer positivamente ou negativamente seus efeitos ao longo de sua vida útil. De acordo com especialistas, o espaço físico pode delimitado basicamente em três esferas territoriais:

Angeloleithold/Wikimedia Commons

Figura 3.3 - Poluição causada pelas queimadas no cerrado de Minas Gerais e Bahia: na vista aérea, é possível perceber a real expansão dos impactos negativos gerados, em razão da ausência de programas de controle ambiental e prevenção.

- Área diretamente afetada (ADA): é onde fica localizado especificamente o empreendimento, também chamado de área de intervenção.
- Área de influência direta (AID): é uma expansão da ADA, ou seja, é a área geográfica ao redor do empreendimento.
- Área de influência indireta (AII): abrange outras áreas territoriais, mas com efeitos significativos menores em sua influência.

Demarcadas as áreas de influência, podemos traçar as consequências resultantes dos impactos ambientais gerados que, em uma graduação maior ou menor, ocasionarão alterações nos vários aspectos ambientais envolvidos.

3.4.3 Diagnósticos dos fatores ambientais

O diagnóstico ambiental no EIA tem como objetivo caracterizar a área onde serão desenvolvidos os empreendimentos, o que deve ser feito antes de sua implantação, para que se tenham conhecimentos da qualidade ambiental e dos seus aspetos ambientais anteriormente, o que facilitará a identificação e avaliação dos impactos ambientais nos meios físicos, biológicos e socioeconômicos, e, claro, a delegação de responsabilidades em caso de danos ao meio ambiente.

Em suma, são realizadas análises de riscos sociais, econômicos, hidrogeológicos, geoquímicos, bióticos, além de detalhes técnicos e legais que envolvam os projetos na região afetada. É importante lembrar que a implementação dos estudos também deve propor melhorias tecnológicas e medidas mitigadoras em seu escopo.

Quanto à descrição dos fatores ambientais no EIA, sua relevância dependerá das características da região, da natureza do empreendimento e dos procedimentos adotados pela equipe responsável pelos trabalhos, sendo eles:

1) Meio físico: a caracterização das condições meteorológicas, clima, qualidade do ar, solo e outras condições geológicas, níveis de ruídos, os recursos hidrológicos, a devida qualidade da água, bem como o quanto as profundas alterações dos empreendimentos podem afetar todas as condições citadas;
2) Meio biótico: a caracterização do ecossistema da área que pode ser atingida direta ou indiretamente pelo empreendimento, incluindo-se os ecossistemas terrestres ou aquáticos, a cobertura vegetal, as áreas de preservação permanente e as unidades de conservação, sendo importante destacar detalhadamente as espécies raras, animais em extinção e outros de interesse econômico da região;
3) Meio socioambiental: devem ser citadas no EIA as características antrópicas da região e os possíveis impactos dos empreendimentos no contexto geral, como a dinâmica populacional, o nível de qualidade de vida, sua organização social, detalhes sobre o uso e ocupação do solo, a estrutura produtiva e de serviços.

Conforme os estudos ambientais se desenvolvem, uma gama de dados e informações vai sendo levantada pelos técnicos responsáveis, servindo de parâmetro para análises dos impactos ambientais, proposição de medidas mitigadoras, implementação de programas ambientais e principalmente, para a elaboração do RIMA.

Os últimos itens citados no parágrafo anterior, isto é, as análises dos impactos ambientais, a implementação de medidas mitigadoras e de programas ambientais, além dos trabalhos conclusivos do RIMA, serão abordados mais detalhadamente nos próximos capítulos; porém, para que nos familiarizemos com os temas, faremos uma pré-abordagem de alguns deles nos próximos tópicos, para o entendimento do leitor.

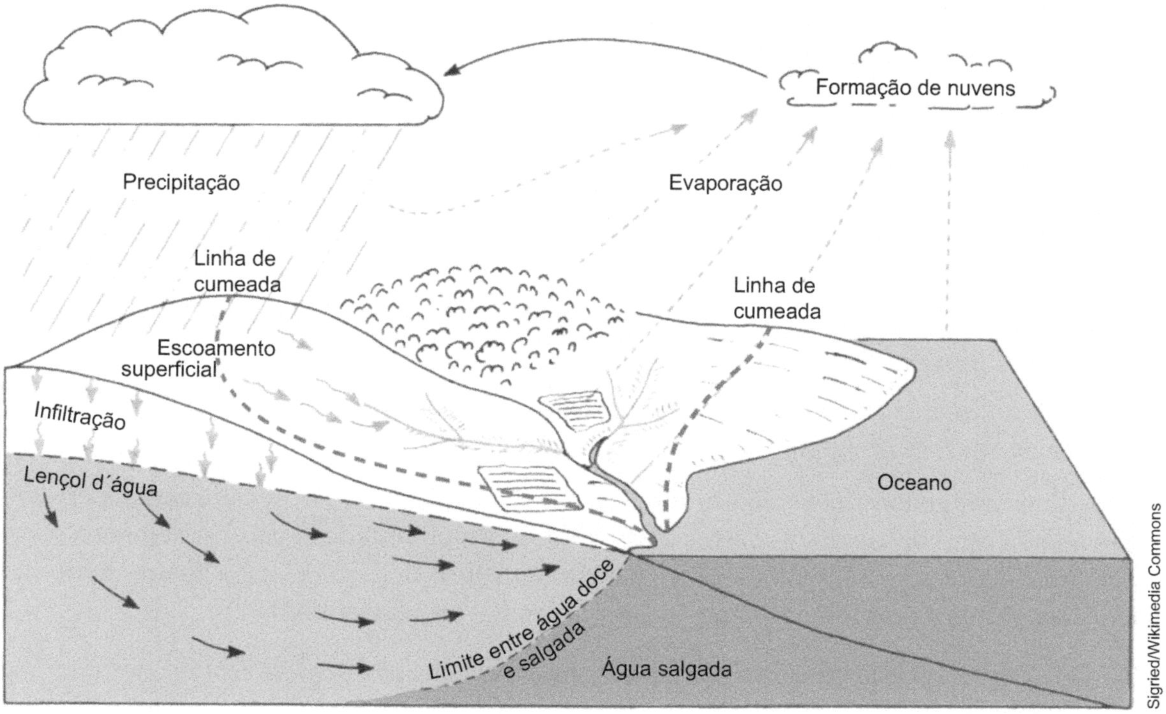

Figura 3.4 - Ciclo da água e limite de bacia hidrográfica, formado pela linha de cumeada: estudar os aspectos metereológicos e como estes influenciam seu meio (solo, recursos hídricos, atmosfera etc.) é importante para determinar quais medidas deverão ser tomadas para a implementação dos empreendimentos, ou indeferimento, se trouxer danos ambientais nos aspectos ecológicos que o compõem.

3.4.4 Análises dos impactos ambientais

As análises ambientais têm como objetivo a identificação, valoração e interpretação dos dados levantados nos estudos ambientais, ou seja, os impactos ambientais gerados pelos empreendimentos e sua respectiva classificação (indiretos ou diretos; benéficos ou adversos; temporários ou permanentes; imediatos ou a médio e longo prazos; reversíveis ou irreversíveis; etc.).

Nessa etapa, haverá uma pré-avaliação dos impactos ambientais diagnosticados e, de acordo com a interpretação dos responsáveis pelas análises, será possível obter algumas conclusões sobre as ações impactantes dos empreendimentos em todas as suas fases: no planejamento, na implantação, na operação e na desativação das atividades.

Portanto, há uma apreciação mais abrangente de todos os aspectos estudados e que requer uma análise eficiente e ampla dos resultados para a constituição de um prognóstico temporal dos impactos que possam surgir em termos de significância, magnitude, abrangência, potencialidade e outros aspectos quantitativos e qualitativos, ficando a metodologia adotada a critério da equipe técnica responsável pelos estudos, desde que sua escolha traduza fielmente os objetivos traçados.

3.4.5 Proposição das medidas mitigadoras

Não basta apontar os impactos gerados.Os estudos ambientais devem propor medidas mitigadoras para a prevenção dos riscos ambientais. Devemos entender que a expressão “medida mitigadora” significa prevenir os impactos ambientais negativos ou pelo menos reduzir sua magnitude, mas há também outras expressões variáveis do termo, e que tem finalidades específicas em sua proposição, como:

» Medida mitigadora preventiva: tem como objetivo minimizar ou eliminar eventos nos meios físico, biótico e antrópico, antecedendo a ocorrência do impacto negativo;

» Medida mitigadora corretiva: tem como objetivo restabelecer a situação anterior a ocorrência de um evento adverso, por meio ações de controle ou da eliminação/controle do fato gerador do impacto;

» Medida mitigadora compensatória: é uma medida que procura repor bens socioambientais perdidos em decorrência de ações diretas ou indiretas do empreendimento;

» Medida potencializadora: é uma medida que visa otimizar o efeito de um impacto positivo decorrente da implantação do empreendimento.

As medidas mitigadoras deverão ser adotadas em várias fases do empreendimento, destacando o fator ambiental a que se destinam, os custos envolvidos, a responsabilidade pela implementação (poder público, empreendedor etc.), o prazo de permanência, a justificação descritiva e a ilustração do seu uso, por meio de relatórios e pareceres técnicos e mapeamentos, respectivamente.

No EIA, deverão ser mencionados os impactos negativos que não possam ser evitados ou mitigados e, nas áreas degradadas que necessitam de reabilitação, alguns critérios deverão ser seguidos, como a definição de etapas para a sua implementação, a definição do uso futuro da área atingida, o mapeamento e a identificação dos locais impactados, tudo de forma justificada e amparada legalmente e tecnicamente.

3.4.6 Programas ambientais

Os programas ambientais são um conjunto de procedimentos que visam a prevenção ambiental, o uso sustentável dos recursos naturais, a atenuação dos impactos negativos causados, a correção de danos ambientais e também a implementação de medidas compensatórias, ou seja, bens socioambientais.

Entretanto, como são desenvolvidos esses programas? Pelo altruísmo dos responsáveis pelos empreendimentos impactantes ou por força legal do Estado?

Os empreendimentos e as atividades produtivas potencialmente impactantes necessitam da aquisição do licenciamento ambiental em várias etapas de seu desenvolvimento, na concepção dos projetos, na instalação e na plena operação, mas nem sempre se encontram em conformidade para tal.

Foi pensando nisso que a Medida Provisória nº 2163-41/2001 foi inserida na Lei de Crimes Ambientais (Lei nº 9.605/98), na qual instituiu o Termo de Ajustamento e Conduta (TAC), instrumento criado para celebrar um compromisso entre o empreendedor e o órgão licenciador, para a correção dessas não conformidades em suas atividades, que podem degradar o meio ambiente, sendo estas diretrizes condicionantes a serem cumpridas, conforme a redação oficial, em seu artigo 79:

> [...] Para o cumprimento do disposto nesta Lei, os órgãos ambientais integrantes do SISNAMA, responsáveis pela execução de programas e projetos e pelo controle e fiscalização dos estabelecimentos e das atividades suscetíveis de degradarem a qualidade ambiental, ficam autorizados a celebrar, com força de título executivo extrajudicial, termo de compromisso com pessoas físicas ou jurídicas responsáveis pela construção, instalação, ampliação e funcionamento de estabelecimentos e atividades utilizadores de recursos ambientais, considerados efetiva ou potencialmente poluidores.

§1º O termo de compromisso a que se refere este artigo destinar-se-á, exclusivamente, a permitir que as pessoas físicas e jurídicas mencionadas no caput possam promover as necessárias correções de suas atividades, para o atendimento das exigências impostas pelas autoridades ambientais competentes, sendo obrigatório que o respectivo instrumento disponha sobre:

I - o nome, a qualificação e o endereço das partes compromissadas e dos respectivos representantes legais;

II - o prazo de vigência do compromisso, que, em função da complexidade das obrigações nele fixadas, poderá variar entre o mínimo de noventa dias e o máximo de três anos, com possibilidade de prorrogação por igual período;

III - a descrição detalhada de seu objeto, o valor do investimento previsto e o cronograma físico de execução e de implantação das obras e serviços exigidos, com metas trimestrais a serem atingidas;

IV - as multas que podem ser aplicadas à pessoa física ou jurídica compromissada e os casos de rescisão, em decorrência do não cumprimento das obrigações nele pactuadas;

V - o valor da multa de que trata o inciso IV não poderá ser superior ao valor do investimento previsto;

VI - o foro competente para dirimir litígios entre as partes.

§2º No tocante aos empreendimentos em curso até o dia 30 de março de 1998, envolvendo construção, instalação, ampliação e funcionamento de estabelecimentos e atividades utilizadores de recursos ambientais, considerados efetiva ou potencialmente poluidores, a assinatura do termo de compromisso deverá ser requerida pelas pessoas físicas e jurídicas interessadas, até o dia 31 de dezembro de 1998, mediante requerimento escrito protocolizado junto aos órgãos competentes do SISNAMA, devendo ser firmado pelo dirigente máximo do estabelecimento.

§3º Da data da protocolização do requerimento previsto no § 2º e enquanto perdurar a vigência do correspondente termo de compromisso, ficarão suspensas, em relação aos fatos que deram causa à celebração do instrumento, a aplicação de sanções administrativas contra a pessoa física ou jurídica que o houver firmado.

§4º A celebração do termo de compromisso de que trata este artigo não impede a execução de eventuais multas aplicadas antes da protocolização do requerimento.

§5º Considera-se rescindido de pleno direito o termo de compromisso, quando descumprida qualquer de suas cláusulas, ressalvado o caso fortuito ou de força maior.

§6º O termo de compromisso deverá ser firmado em até noventa dias, contados da protocolização do requerimento.

§7º O requerimento de celebração do termo de compromisso deverá conter as informações necessárias à verificação da sua viabilidade técnica e jurídica, sob pena de indeferimento do plano.

§8º Sob pena de ineficácia, os termos de compromisso deverão ser publicados no órgão oficial competente, mediante extrato.

Em suma, o empreendedor deve executar, financiar e gerenciar programas ambientais que visem a aplicação dos termos já citados, sendo necessário que profissionais especializados encontrem alternativas sustentáveis no desenvolvimento de projetos em que a participação da comunidade local seja de grande importância, já que muitos desses projetos têm o objetivo de implementar medidas mitigadoras específicas de interesse cultural, econômico e ecológico, dentro da realidade e necessidades da população e economia.

A conservação da fauna e flora local, o aproveitamento sustentável dos recursos naturais (água, solo), a melhoria na qualidade ambiental, a manutenção de ecossistemas, o reflorestamento, a recuperação de áreas degradadas, o apoio técnico aos pequenos agricultores, a conscientização ambiental por meio da educação, o incentivo à coleta seletiva e à reciclagem, a construção de áreas de lazer arborizadas, enfim, são diversas as oportunidades em que o empreendedor (público ou privado) deve implementar a alternativa mais viável economicamente e mais adequada ambientalmente.

Julio.avanzo/Wikimedia Commons

Figura 3.5 - É importante também uma melhor orientação técnica às cooperativas de catadores de lixo, inclusive no que se refere à organização de suas atividades, a fim de que se alcancem os objetivos econômicos e sociais da Política Nacional de Resíduos Sólidos, já que a reciclagem é o meio mais popular de prevenção de danos ambientais ao meio ambiente.

3.4.7 Programas de monitoramento

Durante todo o desenvolvimento dos empreendimentos, programas de monitoramento deverão ser implementados para o acompanhamento dos impactos positivos e negativos, inclusive após os términos dos trabalhos, em caso de atividades com permanência temporária nas regiões afetadas.

Devem-se adotar metodologias específicas em que sejam indicados os parâmetros e justificativas dos modelos selecionados de diagnóstico e análise, por meio de amostras, periodicidade, evolução e outros critérios técnicos, que possam avaliar os fatores ambientais como a qualidade da água, do ar e dos solos, o nível de ruídos e vibrações e possíveis alterações no meio biótico e da população local.

O monitoramento deverá indicar as não conformidades detectadas e, em procedimentos aplicados nessa fase de gestão ambiental, serão observadas outras formas de levantamento de dados importantes, não se descartando a supervisão diária nos locais dos fatores ambientais essenciais, dos empreendimentos e atividades produtivas implementadas e outros trabalhos de campo, como colher informações diretamente com a comunidade para saber da satisfação ou de queixas da comunidade, e o quanto os impactos podem estar influenciando suas rotinas.

Amplie seus conhecimentos

A WWF

O Greenpeace talvez seja a organização não governamental (ONG) ligada ao meio ambiente mais famosa na mídia, por sua militância quase radical na preservação ecológica e dos direitos ambientais no cenário mundial; mas a World Wide Fund for Nature (WWF), ou em português, "Fundo Mundial para a Vida Selvagem e a Natureza" é a maior organização e com o maior número de filiados do mundo, com representantes em torno de 100 países, sendo responsável por milhares de projetos desenvolvidos na área ambiental.

Fundado em 1961 na Suíça (local de sua sede), a WWF, apesar de sugerir em seu nome apenas a conservação das espécies animais, tem um trabalho bem mais abrangente, pois engloba entre seus estudos e projetos o combate ao desflorestamento, a proteção de espécies em extinções e a caça predatória, a poluição de áreas de preservação ambiental, a promoção da qualidade ambiental a todos os seres vivos, o desenvolvimento sustentável e a racionalização no uso dos recursos naturais, entre outras propostas.

Por meio de dados e informações técnicas de seus colaboradores, que incluem cientistas, ambientalistas, sociólogos, e outros representantes interessados da sociedade, e composto de diversas etnias e origens, a WWF a cada dois anos publica o relatório Planeta Vivo, que traz um panorama atualizado da questão ambiental de vários países, além da publicação de revistas e cartilhas de orientação técnica e didática para a preservação do meio ambiente, em seus vários aspectos.

Sendo assim, a WWF vem ratificar as preocupações inseridas por outra ONG pioneira, o Clube de Roma (1968), primeiro grupo a discutir sustentabilidade, meio ambiente e os limites de desenvolvimento para o crescimento econômico, implementando medidas que preservem a humanidade das crises sociais e econômicas causadas pela degradação ambiental, pela extinção da biodiversidade e pela redução dos recursos naturais; isso, é claro, com a "ajuda" do "policiamento" dos militantes do Greenpeace.

Saiba mais sobre a WWF, acesse: <http://www.wwf.org.br/>

Vamos recapitular?

Neste capítulo foi abordado o Estudo de Impacto Ambiental (EIA), seus objetivos e conceitos, os aspectos legais, econômicos, sociais e ecológicos, bem como os aspectos éticos e os princípios que o regem, a estrutura mínima para a sua elaboração, contemplando o formato básico que o compõe, sempre tendo como parâmetro as principais leis e resoluções, em especial as deliberadas pelo Conselho Nacional do Meio Ambiente (Conama).

Agora é com você!

1) O EIA, precisa ser feito, por uma equipe de profissionais e colaboradores que possam contribuir tecnicamente para o desenvolvimento dos trabalhos. Pesquise e dê exemplos de profissionais que podem contribuir para o desenvolvimento do EIA.

2) A consulta à população local é muito importante no desenvolvimento do EIA; explique que tipos de informação podem ser relevantes para a avaliação impactante dos empreendimentos e das atividades potencialmente poluidoras.

3) Pesquise algum empreendimento de grande porte e que esteja sendo desenvolvido em nosso país de acordo com os parâmetros do formato básico para o EIA. Faça uma descrição das informações levantadas.

4

Análises Ambientais

Para começar

Veremos neste capítulo a importância de analisar os dados colhidos nos estudos ambientais, parte essencial para a avaliação dos impactos ambientais, bem como alguns de seus métodos mais conhecidos; também serão abordadas as metodologias de análises de riscos, inclusive de análise de significância dos riscos ambientais. E encerraremos com outro instrumento para a conclusão da avaliação dos riscos ambientais: o Relatório dos Impactos Ambientais (RIMA).

4.1 Avaliação *versus* Análise

Enquanto vai se desenvolvendo a avaliação dos impactos ambientais, os resultados começam a surgir para que se destinem à conclusão dos trabalhos, gerando pareceres finais dos estudos infligidos por meio de relatórios, mais precisamente o Relatório de Impactos Ambientais (RIMA); portanto, é o momento de analisar os resultados e o quanto ainda deve ser feito para a redução dos riscos.

Analisar os riscos? Mas esse trabalho já não está sendo realizado por meio da Avaliação dos Impactos?

Em qualquer área técnica e profissional, apesar da aparente irrelevância, há jargões e termos que devem ser analisados para não se levar a um erro de avaliação daquilo que se espera; cada palavra utilizada tem a sua abordagem incorporada em contextos específicos, isto é, a importância de introduzir o leitor ao assunto.

Na avaliação, a finalidade é comparar os resultados alcançados com os resultados desejados, onde o campo de observação é sua principal diretriz; na análise, a finalidade é identificar os fatores que contribuíram para os resultados, o que também não deixa de ser um campo de observação, porém de forma mais metódica e científica ainda, por meio da qual serão valorados os resultados.

Na avaliação os resultados serão descritos, apresentados, comparados e será feita uma conclusão parcial; na análise os resultados serão interpretados e compreendidas as causas; e a partir desta etapa, serão definidos os rumos a serem tomados, ou seja, o deferimento, o melhoramento ou o total indeferimento dos empreendimentos ou atividades potencialmente poluidoras.

Quais caminhos (metodologia) a AIA deve tramitar para sua análise e para a conclusão dos trabalhos (RIMA)? É o que veremos a partir de agora, por meio de alguns exemplos no decorrer deste capítulo.

4.2 Métodos de avaliação

Para que se adote um determinado método de avaliação, é bom que se tenha consciência que os seus resultados têm valor muito subjetivo em razão das alternâncias que podem ocorrer no meio ambiente, mesmo antes da implantação dos empreendimentos, como condições meteorológicas, fatores sociais e econômicos, instrumentação de medição inadequada e outras adversidades que influenciem na coleta de dados.

Porém, dentro de uma faixa de normalidade no desenvolvimento dos trabalhos, é possível apresentar resultados confiáveis para a sua posterior interpretação e conclusão. Adversidades em qualquer campo da área técnica, laboral e acadêmica podem ocorrer; por isso, os profissionais sempre calculam com margem de erro em suas avaliações, considerando outros aspectos dentro de uma perspectiva futura (elaboração de cenários); em resumo, para o entendimento do leitor, quando houver riscos de qualquer natureza, é importante verificar tudo e de todas as maneiras.

O fato de a avaliação dos impactos ambientais apresentarem os resultados de forma mais genérica, para uma posterior análise técnica mais profunda, não significa que os dados simplesmente devam ser "jogados" para sua contemplação; é preciso haver um mínimo de critério e senso de organização para a sua identificação, predição e análise, a saber:

» Identificação: caracterizar a ação proposta e o ambiente a ser afetado, ou seja, quais os impactos a serem investigados, sua relação com os fatores ambientais e a definição de indicadores.

» Predição: utilizar os dados para o processamento de um acontecimento futuro, entre os fatores ambientais e a magnitude dos impactos possíveis.

» Análise: interpretar os resultados adicionando parâmetros para a sua quantificação e qualificação, como importância, significância, frequência, entre outros.

Quanto à escolha da metodologia, a equipe responsável adotará o que melhor couber no processo, desde que justificada tecnicamente essa escolha e comprovados os resultados fielmente, podendo ser adotado um método único em toda a avaliação ou em vários modelos a cada etapa dos trabalhos, o que geralmente é a maneira mais coerente, em virtude diversos aspectos envolvidos (ecológicos, econômicos, sociais), que podem ser iguais em importância, mas distintos para uma análise mais específica.

Lembre-se

É importante saber que há uma diferença entre metodologia, método e técnica de avaliação de impactos ambientais, a saber:

» **Metodologia:** é o estudo sistemático com a utilização de métodos e técnicas.

» **Método:** são os procedimentos gerais e independentes do estudo que está sendo desenvolvido.

» **Técnica:** são os procedimentos especializados para solucionar os problemas específicos.

4.2.1 *Ad hoc*

Ad hoc é uma expressão latina que significa literalmente "para isto" ou "para esta finalidade", e no contexto jurídico é utilizado para um fim específico; em relação ao tema do capítulo, o método tem como diretrizes principais a sua aplicação para um projeto específico, no qual é importante que os profissionais técnicos envolvidos sejam muito experientes, pois a principal técnica de avaliação se baseia na adoção do *brainstorming*, expressão inglesa que significa "tempestade cerebral" ou "tempestade de ideias".

E como funciona isto? Vejamos. Vulgarmente seria um bate-papo entre os técnicos que, baseado em seus conhecimentos empíricos, apresentariam estimativas subjetivas dos impactos ambientais de outros aspectos relevantes, sendo adequado em casos que exijam rapidez e objetividade, em situações de escassez de tempo e dados para uma avaliação mais elaborada.

Também apresentam as avaliações por meio de tabelas e matrizes, orientação dissertativa para outros métodos de avaliação e de fácil compreensão para o público geral; por não apresentar os dados mais detalhadamente, podemos afirmar que o método se aproxima mais como uma pré--avaliação dos impactos ambientais, o que não deixa de ter a sua eficácia, principalmente para um direcionamento seguro das próximas etapas de avaliação que serão desenvolvidas.

Bikeriderlondon/Shutterstock.com

Figura 4.1 - A técnica de *brainstorming* propõe que um grupo de pessoas se reúna e utilize seus pensamentos e ideias para que possam chegar a um denominador comum, gerando ideias inovadoras que levem um determinado projeto adiante.

4.2.2 *Checklist*

É uma forma preliminar de avaliar os impactos no desenvolvimento dos empreendimentos, sendo ideal sua realização em cada etapa do projeto (não que os outros métodos não possam), isto é, as fases de implantação, operação e desativação. Trata-se de um dos métodos mais utilizados em qualquer análise de riscos. Por sua praticidade e padronização, o *checklist* consiste na listagem dos dados de acordo com a identificação dos impactos, enumeração, classificação e graduação do meio físico, biótico e socioeconômico, divididas da seguinte maneira:

» Descritivas: consiste na descrição das características dos fatores ambientais, seus parâmetros e outros pormenores relevantes para sua identificação;

» Escalares: descreve os fatores e impactos ambientais por meio de uma escala de valores mais quantitativa;

» Escalares ponderadas: descreve os fatores e impactos ambientais por meio de uma escala de valores mais qualitativa, graduando os dados de interesse.

A vantagem do método é a sua objetividade. Com a utilização de listagens específicas para cada fator ambiental, segmento empreendedor ou etapa avaliada (ou uma junção dos três critérios), reduz-se o risco de que se omita um impacto relevante por "esquecimento", pois suas matrizes podem ser preparadas com antecedência e conforme as necessidades da avaliação requerida; a desvantagem é apresentar resultados subjetivos, não considerando o nexo causal dos impactos e outros aspectos de significância para uma análise mais aprofundada.

Goodluz/Shutterstock.com

Figura 4.2 - Levantar os fatores ambientais por meio de listagem: método simples para a descrição dos impactos, mas não científico para determinar seus graus de riscos.

4.2.3 Matrizes de interação

Nesse método, as matrizes de interação ou correlação são listagens de controle bidimensionais que permitem associar os fatores ambientais e as ações do projeto, dispostas em linhas e colunas de dados para a sua avaliação, semelhante a uma planilha de cálculo com suas diretrizes de localização, com a diferença de que, em cada célula de interseção, os dados representam a relação de causa e efeito do impacto ocorrido.

É um avanço na avaliação, pois confere meios de qualificar mais os impactos e fornecer uma análise mais global dos trabalhos, atribuindo os seguintes critérios de observação:

- » Tipo de ação: são avaliadas a relação de causa e efeito e a cadeia de reações consequentes à ação, ou seja, primárias, secundárias ou enésimas.
- » Ignição: quando o efeito se manifesta com certa defasagem de tempo em relação à ação (imediata, médio prazo e longo prazo).
- » Sinergia e criticidade: são avaliados o nível de interatividade entre os fatores (alta, média e baixa).
- » Extensão: é a avaliação do impacto sobre o fator ambiental, quando este abrange uma área maior, igual ou menor em extensão.
- » Periodicidade: é verificado quando os efeitos dos impactos diagnosticados não cessam sua manifestação, seu tempo incerto de duração ou têm duração limitada (permanente, variável e temporária).
- » Intensidade: é quantificada a ação impactante (alta, média e baixa).
- » Magnitude: é avaliada a importância dos impactos, ou seja, a medição e sua gravidade.

Mesmo sendo um método de fácil compreensão, de inserção de dados quantitativos e qualitativos em suas matrizes, os resultados são considerados subjetivos e não projetam cenários futuros, sendo mais útil como pré-avaliação dos impactos gerados.

4.2.4 Redes de interação

As redes de interação são utilizadas para estabelecer a relação de causas-condições-efeitos dos impactos, possibilitando acrescentar valores em seus dados, como magnitude, importância e probabilidade nos eventos adversos. É o método operacional adotado para a simulação dos resultados, por meio de representações gráficas, nas quais, é inserido, durante o processo de avaliação, o conjunto de ações que desencadeou o impacto inicial, para análise de sua origem e das medidas mitigadoras a serem adotadas.

Enquanto o método de redes de interação proporciona uma visão global de todos os níveis de impacto, inclusive os secundários e posteriores, com a inserção probabilidades, tendências e outros tipos de cenário futuro a desvantagem é a não caracterização temporal dos eventos (curto e longo prazo).

4.2.5 Superposição de mapas

É a avaliação dos impactos com o uso de mapas temáticos para a orientação dos estudos. Em resumo, os mapas são sobrepostos um sobre outro para a simulação dos efeitos de uma ação externa em um determinado fator ambiental.

Importante para o estudo da dimensão espacial em áreas geográficas, sua vantagem é proporcionar alternativas de localização para a implantação dos empreendimentos e de medidas mitigadoras, já que é possível visualizar teoricamente as hipóteses propostas para tal; porém, sua avaliação também permite apenas resultados subjetivos, pois não há como mensurar outros aspectos relevantes na avaliação (dados não mapeáveis), como níveis de ruídos, qualidade hídrica, meios bióticos, fatores sociais e econômicos, já que é uma representação gráfica em sua totalidade.

Mas a desvantagem citada pode ser resolvida conforme o avanço da informática, que, por meio do desenvolvimento de algum *software* específico, pode agregar os aspectos omitidos para depois acrescentá-los aos mapas. Há de se vislumbrar no futuro sua visualização gráfica digital, com todas as informações complementares para uma avaliação mais completa.

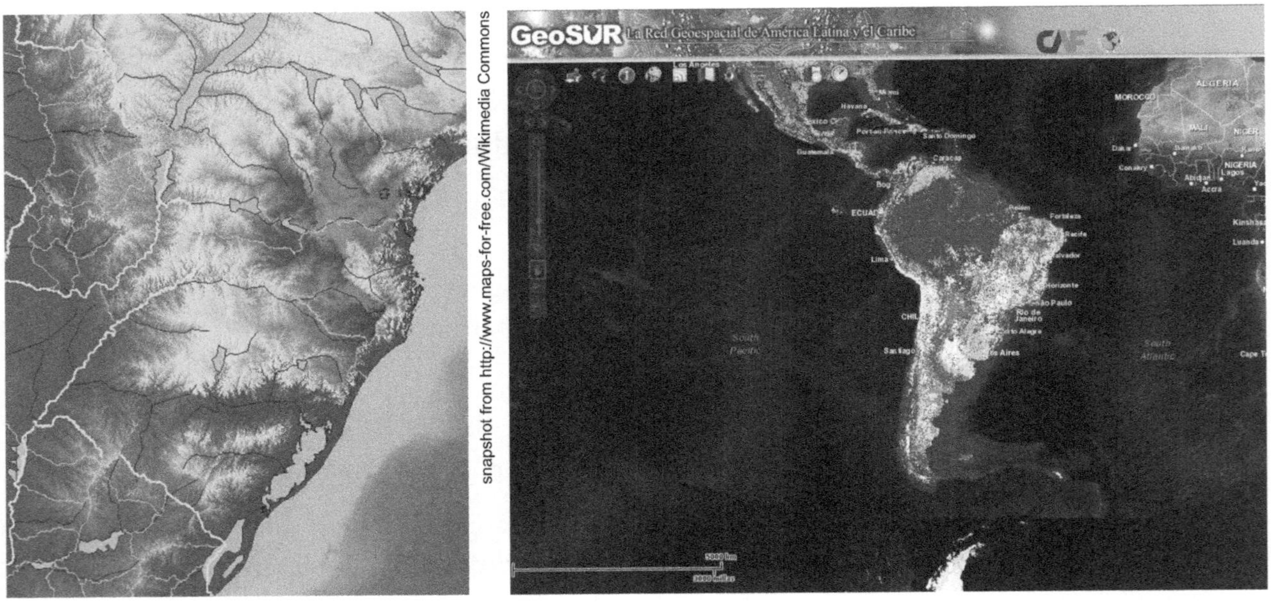

snapshot from http://www.maps-for-free.com/Wikimedia Commons

Jonas 1992v/Wikimedia Commons

Figura 4.3 - A transição dos mapas tradicionais para os digitais poderá possibilitar a detecção de impactos ambientais com mais segurança, permitindo traçar cenários futuros, com a visualização de certos aspectos ambientais até via satélite, o que despenderia mais tempo em um trabalho de campo.

4.2.6 Métodos de simulação

Ao contrário dos métodos citados até agora, que têm como característica uma avaliação mais objetiva, subjetiva e com mais ênfase na identificação dos impactos, nos modelos de simulação há a predominância na valoração quantitativa e qualitativa dos dados.

Como assim?

Os critérios na simulação são baseados em modelos matemáticos de avaliação, ou seja, não basta saber quais impactos foram diagnosticados; é preciso representar ordinariamente todas as informações, para saber o quanto esses impactos podem trazer de riscos, tendo em vista que teoricamente a matemática traduz, em números, a suposição exata de um evento acontecer.

Sua vantagem principal é o aspecto temporal de sua metodologia, podendo criar um cenário futuro dos impactos, a interação entre os impactos e os fatores avaliados e a organização dos dados colhidos e sua possibilidade de variação dos diagnósticos; a desvantagem é o custo elevado e o uso de computadores.

4.2.7 Combinação de métodos

Nos tópicos anteriores, podemos verificar alguns exemplos de métodos de avaliação de impactos ambientais, e perceber que todos atendem o seu objetivo de identificar os impactos, de acordo com os critérios e as necessidades exigidas para a sua aplicação; mas a pergunta que se pode fazer é: qual o melhor, o mais eficiente ou que abrange todos os quesitos para uma análise mais completa?

Na verdade, todos têm a sua utilidade, desde que aplicados criteriosamente na obtenção de dados, e de acordo com as respectivas etapas de desenvolvimento do projeto; a implementação de um empreendimento passa por várias fases em sua organização, o que inclui sua concepção, instalação, operação e, em alguns casos, sua desativação, podendo os impactos gerados serem diferentes em sua caracterização, sendo uns com maior magnitude, outros com maior probabilidade de acontecer, ou com grande frequência de ocorrer, e em atividades altamente impactantes, com a somatória de todos os parâmetros de risco na mesma proporção.

A combinação de dois ou mais métodos é a ação mais interessante, pois possibilita adaptar estes a um projeto específico ou à área afetada, além de reduzir a chance de que algum parâmetro de risco seja omitido. Podemos concluir, portanto, que a escolha do método deve ser estudada em cada caso.

4.3 Métodos de análises

A avaliação dos impactos ambientais (AIA) oferece as linhas gerais das consequências ao meio ambiente. Dependendo do porte do empreendimento, do tipo de atividade desenvolvida, o potencial do risco ambiental, entre outros fatores, os impactos ambientais seriam visivelmente detectados, e a grande vantagem seria a adoção rápida de medidas mitigadoras, principalmente de ações emergenciais, porém de forma paliativa.

Assim como os estudos dos impactos ambientais (EIA), a análise se pressupõe como uma observação mais científica e metódica ainda; pelo menos a intepretação da terminologia nos permite assim pensar. É na análise dos dados levantados que começam a surgir as grandes dúvidas, que levarão a questionamentos em relação a um determinado empreendimento, como:

1) O que pode sair errado?

2) Com que frequência isso pode ocorrer?

3) Quais são as consequências?

O leitor também deve estar se perguntando: "E que caminho seguir para responder a essas dúvidas, e outras que viriam?"

Quantificando tais dados, ou seja, atribuindo valores matemáticos que o qualifiquem, como no exemplo do tópico citado anteriormente, de significância de impactos ambientais; em suma, a quantificação do risco é baseada em três elementos importantes para a análise dos impactos ambientais, a saber: o cenário perigoso (Ce), a frequência de ocorrência (f) e a severidade da consequência (C).

Resumidamente, a análise de risco ambiental engloba as seguintes etapas:

» Definição do escopo da análise: objetivos, limites, conjunto de dados e informações.
» Identificação, classificação e priorização dos aspectos e impactos ambientais.
» Definição das frequências ou probabilidades de ocorrência de cenários de acidentes ambientais.
» Análise das consequências (perdas ou danos).
» Análise de vulnerabilidade.
» Cálculo dos riscos ambientais (probabilidades e consequências).
» Avaliação dos riscos ambientais.
» O gerenciamento dos riscos ambientais.

Quais metodologias utilizar para uma melhor análise dos riscos ambientais? Isso dependerá dos critérios dos especialistas envolvidos, contanto que seja dentro das necessidades exigíveis para os trabalhos, como aspectos legais e técnico-operacionais. Vejamos alguns exemplos a seguir.

4.3.1 Análise por Árvore de Falhas (AAF)

Na Análise por Árvores de Falhas (AAF), um evento topo é escolhido ao acaso, estabelecendo-se as combinações de falhas e condições que poderiam causar um determinado evento, no qual se busca construir uma malha de falhas que culmina num determinado evento final. Nessa técnica de identificação de perigos e análise de riscos, são atribuídas taxas de falha para cada item que compõe a árvore, chegando-se então à probabilidade final, por meio da lógica.

A técnica é dedutiva e pode ser qualitativa ou quantitativa, e a metodologia pode variar de acordo com o evento-topo escolhido, como a instalação de uma usina nuclear, que requereria maior complexidade em sua implementação; seu potencial de impacto ambiental também proporcionaria riscos de elevada magnitude, o que, consequentemente, apresentaria uma série de variáveis de consequências danosas ao meio ambiente para serem analisadas.

Em resumo, a partir da hipótese de um determinado acidente (evento-topo), este contribuiria para outros eventos intermediários, e assim sucessivamente; verificam-se os tipos de eventos (qualitativo) e a ocorrência dos eventos repetidos (quantitativo) e, por fim, os cálculos da probabilidade, da frequência e de outros parâmetros, de todos os eventos (básicos, intermediários e do evento-topo).

Depois de identificadas as falhas que podem ocasionar os eventos, as medidas de prevenção devem ser adotadas, para que sejam sanadas as probabilidades de os riscos ocorrerem; porém, há a possibilidade de um estudo ainda mais sistemático, como a análise da vulnerabilidade das consequências, que requer diretrizes específicas para sua aplicação. Vejamos o porquê.

4.3.2 Consequências e vulnerabilidades

A análise de causa e consequência foi desenvolvida como uma ferramenta para sistemas críticos de segurança, como o de uma rede de processamento de dados, na qual o caráter de suas informações exige uma confiabilidade ímpar no aspecto de segurança, devendo haver um entendimento completo de possíveis falhas.

Semelhante à AAF, a análise de causas e consequências é utilizada para representar a "lógica da falha" e, por conseguinte, ao evento crítico; sua metodologia começa a partir de um evento crítico (como no evento-topo da AAF) e analisa suas consequências por meio de combinações de fatores; a seguir, são apresentados dados quantificados e a análise de outros eventos que possam surgir ao longo do tempo (projeção de cenário futuro).

Nessa metodologia, também são demonstradas as causas dos eventos. Em caso da análise de vulnerabilidade, o aspecto a ser observado é o grau de perda de determinados elementos expostos, em virtude da ocorrência de algum evento adverso. Nas análises específicas dos impactos ambientais negativos, a diretriz principal é o estudo da fragilidade do sistema ambiental dos empreendimentos e/ou da sua área de localização.

4.3.3 Outras metodologias de análises

A equipe de avaliação dos impactos ambientais é composta por diversos técnicos e especialistas multidisciplinares e, na análise dos impactos ambientais gerados nos setores produtivos, o responsável pela segurança do trabalho laboral pode contribuir de forma significativa para a sugestão de metodologias de prevenção, em razão de sua vocação e formação técnico-administrativa na elaboração, pesquisa e aplicação de tradicionais e comprovados métodos de análises de riscos, como:

» Análise por Árvore de Causas: é uma variante da Análise por Árvore de Falhas (AAF), pois enquanto a primeira utiliza fatos, ou seja, eventos ocorridos, a segunda trabalha com eventos potenciais.

» Análise Preliminar de Riscos (APR): é a técnica de investigação utilizada para identificar fontes de perigo, consequências e medidas corretivas simples, sem aprofundamento técnico, resultando em tabelas de fácil leitura.

» Hazop (Hazard and Operability Studies): nesse método, uma equipe busca, de forma criativa, identificar falhas de riscos e problemas operacionais em subsistemas do processo; trata-se essencialmente de um procedimento indutivo qualitativo em que um grupo de profissionais examina um processo, gerando, de maneira sistemática, perguntas sobre ele, semelhante ao *Ad hoc*.

» Técnica de Incidentes Críticos (TIC): é uma técnica utilizada para identificação de perigos, que consiste na identificação de incidentes (quase acidentes) gerados na organização; o objeto da TIC são os sistemas e as instalações na fase operacional, tendo como foco os eventos, as atitudes comportamentais, as condições de instalações etc.

Além da área de segurança do trabalho, outros campos laborais têm adaptado as diversas metodologias conhecidas para a graduação dos seus sistemas de segurança (análise) e identificação de seus respectivos riscos (avaliação), como em redes de processamento de dados informatizados, no controle de qualidade ou no gerenciamento de seus passivos ambientais (resíduos sólidos); em se tratando de gestão ambiental nas empresas, a avaliação dos impactos gerados dos processos produtivos, por meio do levantamento, análise e monitoramento destes, a metodologia mais conhecida é baseada no PDCA.

4.3.4 PDCA

Um programa de gestão que tenha como objetivo a continuidade dos êxitos alcançados em sua instalação deve possuir uma metodologia que possibilite a revisão de sua estrutura, para que se preserve o que já foi conquistado em termos de resultados e se corrijam os desvios operacionais que não sejam compatíveis com o planejamento.

O ciclo PDCA foi desenvolvido pelo norte americano Walter Shewart (o "pai" do Controle de Qualidade), e trata de um ciclo de desenvolvimento que tem como foco principal a melhoria contínua dos processos produtivos; porém, foi por meio de outro norte americano, Edwards Deming, que se deu a sua popularização e divulgação nos meios acadêmicos, sendo criado o ciclo de Deming, que instituiu uma forma mais específica para a aplicação do modelo na gestão de qualidade, dividindo sua estrutura em quatro partes, que o direcionam:

» *Plan* (planejar): é estabelecer os objetivos e processos necessários para fornecer resultados de acordo com os requisitos e políticas pré-determinados;

» *Do* (fazer, executar): é a fase de implementar as ações necessárias a fim que se desenvolva a gestão;

» *Check* (checar, verificar): monitorar e medir os processos e produtos em relação às políticas, aos objetivos e aos requisitos estabelecidos e relatar os resultados;

» *Act* (agir): executar ações para promover continuamente a melhoria dos processos e, com isso, reiniciar o PDCA, em uma busca incessante pela qualidade da organização.

O PDCA é um método flexível, de fácil compreensão e oferece condições para a sua aplicação em qualquer programa de gestão que possa ser implantado, seja de forma isolada, seja em um sistema integrado com outros programas de gerenciamentos, sendo adaptado também para a implantação do SGA (ISO 14000), como pode ser observado em uma de suas séries, a ISO 14031, que utiliza de forma bem específica o ciclo, como ferramenta de avaliação contínua do desempenho ambiental nas organizações.

É por meio da ADA (Avaliação de Desempenho Ambiental) e baseado no método PDCA que se desenvolveram três fases essenciais, para sua aplicação:

» Planejar: planejamento da avaliação de desempenho ambiental: essa fase engloba a seleção dos indicadores para avaliação do desempenho ambiental, o que inclui a determinação dos seguintes itens:

  » Aspectos ambientais relevantes sob o controle da organização.

  » Critérios de desempenho ambiental.

  » Perspectivas das partes interessadas.

» Executar: nessa fase, utilizam-se os dados originais e da informação, ocasião em que a ADA integra quatro fases fundamentais:

  » Recolhimento de dados originais.

  » Análise e conversão de dados.

  » Avaliação da informação.

  » Relato e comunicação.

» Verificar e atuar: revisão e melhoria do desempenho.

  » Os resultados da ADA deverão ser revistos e analisados periodicamente de forma a detectar as não conformidades do programa, afim de promover melhorias contínuas.

Como pode ser observado, foram introduzidos na norma ISO 14031 todos os fundamentos estratégicos para a elaboração dos planos de trabalho, da avaliação de desempenho ambiental, utilizando os conceitos de planejar, executar, checar e agir em três fases de seu desenvolvimento, adaptados para a implantação de um dos processos do Sistema de Gestão Ambiental, tendo como foco a melhoria contínua da organização nos compromissos de sua política ambiental.

4.3.5 Significância dos riscos ambientais

Semelhante às matrizes de interação, o método de avaliação de significância é um diagnóstico dos impactos, nos quais os dados são dispostos em células de uma matriz, com linhas e colunas para a orientação e localização das informações. Há a inserção de cálculos matemáticos por meio de formulas específicas, e a graduação dos riscos é mais abrangente do ponto de vista de análise, possibilitando diversas variáveis de avaliações quantitativas e qualitativas em sua valoração e descrição, respectivamente, podendo ser caracterizadoscom os seguintes aspectos ambientais:

a) Situação: é a apresentação dos aspectos e impactos ambientais, ou seja, a sua ocorrência com efeito normal ou com potencial de risco:

Normal (N)	É o aspecto que se espera ocorrer durante a execução da tarefa.
Risco (R)	É o aspecto que não deveria ocorrer durante a tarefa: acidentes, fenômenos da natureza ou falha operacional.

b) Abrangência: trata-se de qualificar os efeitos dos impactos ambientais conforme sua propagação espacial, podendo ser:

Local (L)	Impacto cujo efeito pode ser sentido apenas no local e nas imediações onde foi gerado o impacto ambiental.
Regional (R)	Impacto cujo efeito pode ser propagado para uma área, além das imediações de onde ele foi gerado.
Global (G)	Impacto cujo efeito pode ter impactos de grandes proporções, a ponto de atingir um componente ambiental de importância coletiva, nacional ou internacional.

c) Incidência: são os impactos aos quais a empresa/empreendimento está associado, podendo ser direto (exerce controle efetivo) ou indireto (não exerce controle efetivo):

Direta (D)	O impacto está associado à atividade executada e sob o controle.
Indireta (I)	O impacto está associado à atividade; está fora do ambiente de controle, mas com poder de exercer influência.

d) Temporalidade: indica o período de ocorrência do aspecto do qual decorre o impacto ambiental:

Passada (P)	Impacto identificado pelo aspecto desenvolvido no passado.
Atual (A)	Impacto decorrente do aspecto atual.
Futura (F)	Impacto previsto, decorrente de aspectos que ocorrerão com as alterações implementadas no futuro.

e) Classe: indica se o impacto ambiental é benéfico (B) ou adverso (A):

Benéfico (B)	Houve melhoria da qualidade de um fator ou parâmetro ambiental.
Adverso (A)	Houve redução da qualidade de um fator ou parâmetro ambiental.

f) Severidade: indica os impactos ambientais segundo o grau de sua magnitude e reversibilidade:

Mínima	Impacto ambiental desprezível e reversível no local da ocorrência (L) com ações imediatas.	1
Baixa	Impacto ambiental desprezível e reversível na área de influência(L) com ações imediatas a curto prazo.	2
Média	Impacto ambiental considerável e reversível além da área de influência (R) com ações mitigadoras a médio prazo.	3
Alta	Impacto ambiental de grande magnitude ou extensão com consequências irreversíveis (G), mesmo com ações mitigadoras, a longo prazo.	4

g) Frequência (F)/Probabilidade (P): indica uma pontuação da frequência, associada à probabilidade de sua ocorrência, por meio de uma graduação específica; veja o exemplo:

Baixa	Pode ocorrer poucas vezes ou improvável de ocorrer.	1
Média	Pode ocorrer algumas vezes ou com possibilidade de ocorrer.	2
Alta	Pode ocorrer várias vezes ou com certeza que ocorra.	3

Por meio da análise dessas características, são gerados os índices, que servirão para avaliação final de significância dos impactos gerados que, por meio de uma pontuação específica, refletirão as recomendações a serem adotadas posteriormente. A estrutura aqui apresentada possui os critérios mínimos para uma avaliação de significância dos impactos, de forma satisfatória e dentro dos padrões utilizados pela maioria dos gestores, mas que pode ser melhorada e ampliada de acordo com as particularidades da atividade produtiva ou empreendimento.

Como forma de ilustração, vejamos, no exemplo abaixo, a avaliação final de significância dos impactos nas seguintes situações:

Risco desprezível	Severidade + frequência / probabilidade < 5	Implementação de medidas simples e imediatas.
Risco moderado	Severidade + frequência / probabilidade = 5	Implementação de medidas mitigadoras e de monitoramento.
Risco alto	Severidade + frequência / probabilidade > 5	Implementação de projetos de controle ambiental e de monitoramento.

Tal método é um modelo simplificado da avaliação dos impactos ambientais e, como citado no parágrafo anterior, pode ser expandido para uma análise mais diversificada e profunda, utilizando parte ou todos os aspectos ambientais disponíveis para a filtragem de significância dos riscos dos processos em regime normal ou em situação de emergência, ou outro parâmetro necessário tecnicamente ou exigido pelos requerimentos legais.

Qual fórmula utilizar? Ela pode variar de acordo com os critérios de metodologia de análise adotados pelo profissional envolvido, ou de acordo com as necessidades específicas do empreendimento ou da atividade que está sendo avaliada; o mesmo raciocínio serve para os parâmetros de qualificação de significância dos riscos, que também podem ter uma abrangência bem maior, dependendo da metodologia aplicada.

4.4 Relatório de Impacto Ambiental (RIMA)

Como verificamos neste livro, os estudos ambientais requerem um minucioso trabalho, que envolve levantamento de dados conjunturais, coleta de amostras materiais, observância aos aspectos técnicos e legais, análise criteriosa das informações colhidas e outros fatores importantes que evitem os danos ambientais e agreguem ônus positivos aos empreendimentos, ou pelo menos, atenuar consequências mais drásticas.

Assim como em qualquer estudo, há de se apresentar as conclusões de todas as informações colhidas. Após as devidas análises e ponderações técnicas e conceituais, será elaborado um relatório conclusivo, isto é, o RIMA, outro instrumento de grande relevância para a avaliação dos impactos ambientais gerados. Após a publicação em edital, a solicitação de audiência da comunidade interessada ou Ministério Público e a elaboração de um parecer final, o orgão público licenciador poderá autorizar um licenciamento prévio para o início das obras, ou sumariamente indeferir o projeto.

Concluindo os estudos dessa importante referência normativa, a Resolução Conama n.º 01/86, em seu artigo 9.º, descreve que o RIMA deverá refletir os EIAs, devendo conter no mínimo:

> I - Os objetivos e justificativas do projeto, sua relação e compatibilidade com as políticas setoriais, planos e programas governamentais;
>
> II - A descrição do projeto e suas alternativas tecnológicas e locacionais, especificando para cada um deles, nas fases de construção e operação a área de influência, as matérias primas, e mão-de-obra, as fontes de energia, os processos e técnica operacionais, os prováveis efluentes, emissões, resíduos de energia, os empregos diretos e indiretos a serem gerados;
>
> III - A síntese dos resultados dos estudos de diagnósticos ambiental da área de influência do projeto;
>
> IV - A descrição dos prováveis impactos ambientais da implantação e operação da atividade, considerando o projeto, suas alternativas, os horizontes de tempo de incidência dos impactos e indicando os métodos, técnicas e critérios adotados para sua identificação, quantificação e interpretação;
>
> V - A caracterização da qualidade ambiental futura da área de influência, comparando as diferentes situações da adoção do projeto e suas alternativas, bem como com a hipótese de sua não realização;
>
> VI - A descrição do efeito esperado das medidas mitigadoras previstas em relação aos impactos negativos, mencionando aqueles que não puderam ser evitados, e o grau de alteração esperado;

VII - O programa de acompanhamento e monitoramento dos impactos;

VIII - Recomendação quanto à alternativa mais favorável (conclusões e comentários de ordem geral).

Parágrafo único - O RIMA deve ser apresentado de forma objetiva e adequada a sua compreensão. As informações devem ser traduzidas em linguagem acessível, ilustradas por mapas, cartas, quadros, gráficos e demais técnicas de comunicação visual, de modo que se possam entender as vantagens e desvantagens do projeto, bem como todas as consequências ambientais de sua implementação.

Artigo 10 - O órgão estadual competente, ou o IBAMA ou, quando couber, o Município terá um prazo para se manifestar de forma conclusiva sobre o RIMA apresentado.

Parágrafo único - O prazo a que se refere o caput deste artigo terá o seu termo inicial na data do recebimento pelo estadual competente ou pela SEMA do estudo do impacto ambiental e seu respectivo RIMA.

Artigo 11 - Respeitado o sigilo industrial, assim solicitando e demonstrando pelo interessado o RIMA será acessível ao público. Suas cópias permanecerão à disposição dos interessados, nos centros de documentação ou bibliotecas da SEMA e do estadual de controle ambiental correspondente, inclusive o período de análise técnica,

§ 1º - Os órgãos públicos que manifestarem interesse, ou tiverem relação direta com o projeto, receberão cópia do RIMA, para conhecimento e manifestação,

§ 2º - Ao determinar a execução do estudo de impacto ambiental e apresentação do RIMA, o estadual competente ou o IBAMA ou, quando couber o Município, determinará o prazo para recebimento dos comentários a serem feitos pelos órgãos públicos e demais interessados e, sempre que julgar necessário, promoverá a realização de audiência pública para informação sobre o projeto e seus impactos ambientais e discussão do RIMA.

Como é um documento conclusivo, os critérios para a estruturação do RIMA terão como parâmetros o EIA. Não é disso que trata a apresentação de tudo que foi estudado nesses trabalhos?

Portanto, deverá conter em seu escopo os dados descritivos do empreendedor e a descrição e objetivos do empreendimento; todos os aspectos observados, ou seja, legais, econômicos, sociais e ecológicos; as alterações que serão realizadas e as suas respectivas medidas recomendadas (mitigadoras, compensatórias); a descrição minuciosa dos impactos nos principais fatores bióticos, sem qualquer omissão em seu detalhamento; as avaliações dos impactos ambientais, explicando quais análises foram realizadas, e na ausência desta em algum aspecto relevante, justificar; a conclusão do relatório no escopo final, conforme a visão e experiência dos profissionais envolvidos; a relação da equipe técnica, que participou de todo o desenvolvimento da avaliação dos impactos ambientais, na elaboração do EIA e do RIMA, no levantamento dos dados em trabalho de campo, medição, pesquisa, análises, operacional e administrativo, entre outras tarefas executadas, como os devidos nomes, funções e formação técnico-escolar.

Por ser um documento em que a lei incentiva e permite a participação popular, para o esclarecimento, a aprovação e a rejeição do projeto, é importante que o RIMA traduza os termos técnicos, seus conceitos e outros pormenores legais, de forma clara e compreensível, em uma linguagem simples, e se possível com a inserção de fotos e gráficos simplificados, para que o leigo e partes da comunidade interessada tenham discernimento do que está sendo apresentado e o que está sendo proposto.

Lembre-se

Recebido o RIMA, o documento será publicado em edital anunciado pela imprensa local e abrindo o prazo de **45 dias** para solicitação de audiência pública, que poderá ser requerida por 50 ou mais cidadãos ou pelo Ministério Público.

4.4.1 Atividades que requeiram o EIA e o RIMA

Com o surgimento da Política Nacional do Meio Ambiental, foi necessário vários aspectos importantes da questão ambiental para que ela se desenvolvesse eficazmente; o surgimento de novas políticas ambientais, leis e normas técnicas, além da melhoria das que já existiam e a obrigatoriedade do Estudo de Impacto Ambiental foram um dos avanços, e muitos empreendimentos e atividades modificadoras do meio ambiente, também foram "enquadrados" para o cumprimento legal da elaboração do EIA e do RIMA, e consequentemente, a devida concessão de licenciamento ambiental para a instalação e operação de suas atividades.

Portanto, dependerá de elaboração do EIA e do respectivo RIMA, a serem submetidos à aprovação do órgão estadual competente, e do IBAMA em caráter supletivo, o licenciamento de atividades modificadoras do meio ambiente, tais como (Resolução Conama nº 01/86, artigo 2º):

I - Estradas de rodagem com duas ou mais faixas de rolamento;

II - Ferrovias;

III - Portos e terminais de minério, petróleo e produtos químicos;

IV - Aeroportos, conforme definidos pelo inciso 1, artigo 48, do Decreto-Lei nº 32, de 18.11.66;

V - Oleodutos, gasodutos, minerodutos, troncos coletores e emissários de esgotos sanitários;

VI - Linhas de transmissão de energia elétrica, acima de 230KV;

VII - Obras hidráulicas para exploração de recursos hídricos, tais como: barragem para fins hidrelétricos, acima de 10MW, de saneamento ou de irrigação, abertura de canais para navegação, drenagem e irrigação, retificação de cursos d'água, abertura de barras e embocaduras, transposição de bacias, diques;

VIII - Extração de combustível fóssil (petróleo, xisto, carvão);

IX - Extração de minério, inclusive os da classe II, definidas no Código de Mineração;

X - Aterros sanitários, processamento e destino final de resíduos tóxicos ou perigosos;

XI - Usinas de geração de eletricidade, qualquer que seja a fonte de energia primária, acima de 10MW;

XII - Complexo e unidades industriais e agroindustriais (petroquímicos, siderúrgicos, cloro-químicos, destilarias de álcool, hulha, extração e cultivo de recursos hídricos);

XIII - Distritos industriais e zonas estritamente industriais - ZEI;

XIV - Exploração econômica de madeira ou de lenha, em áreas acima de 100 hectares ou menores, quando atingir áreas significativas em termos percentuais ou de importância do ponto de vista ambiental;

XV - Projetos urbanísticos, acima de 100ha. ou em áreas consideradas de relevante interesse ambiental a critério da SEMA e dos órgãos municipais e estaduais competentes;

XVI - Qualquer atividade que utilize carvão vegetal, em quantidade superior a dez toneladas por dia.

É importante que se saiba que a elaboração dos documentos de AIA, principalmente no tocante às atividades industriais e outras de caráter produtivo, não são os únicos aspectos legais a serem referenciados no licenciamento ambiental e outras autorizações similares; como já foi abordado, a Lei n.º 6938/81 não surgiu com a intenção de revogar todas as outras leis anteriores a ela, mas sim integrar todo o sistema nacional de meio ambiente vigente à época, composto por seus específicos corpos normativos, órgãos licenciadores, secretarias e entidades ambientais agregadas; sua missão era de complementação e conciliação, e não de segregação política e jurídica.

4.5 Zoneamento industrial

Portanto, para concluir o disposto acima, há também de se observar outros requerimentos obrigatórios a se cumprirem, como as leis que restringem as instalações de empreendimentos e atividades modificadoras do meio ambiente em áreas de preservação ambiental, e outras que tem como finalidade a segurança da população e a preservação da qualidade ambiental nos centros urbanos, como a Lei nº 6.803, de 2 de julho de 1980, que dispõe sobre as diretrizes básicas para o zoneamento industrial nas áreas críticas de poluição, que já descrevia em seu artigo 9º e 10º os mesmos objetivos e conceitos de hoje relativos à preocupação com a degradação ambiental, poluição e critérios essenciais para a aquisição do licenciamento ambiental:

> [...] Art. 9. Licenciamento para implantação, operação e ampliação de estabelecimentos industriais, nas áreas críticas de poluição, dependerá da observância do disposto nesta Lei, bem como do atendimento das normas e padrões ambientais definidos pelo IBAMA, pelos organismos estaduais e municipais competentes, notadamente quanto às seguintes características dos processos de produção:
>
> I - emissão de gases, vapores, ruídos, vibrações e radiações;
>
> II - riscos de explosão, incêndios, vazamentos danosos e outras situações de emergência;
>
> III - volume e qualidade de insumos básicos, de pessoal e de tráfego gerados;

IV - padrões de uso e ocupação do solo;

V - disponibilidade nas redes de energia elétrica, água, esgoto, comunicações e outros;

VI - horários de atividade.

Parágrafo único. O licenciamento previsto no caput deste artigo é da competência dos órgãos estaduais de controle da poluição e não exclui a exigência de licenças para outros fins.

(...) Art. 10. Caberá aos Governos Estaduais, observado o disposto nesta Lei e em outras normas legais em vigor:

I - aprovar a delimitação, a classificação e a implantação de zonas de uso estritamente industrial e predominantemente industrial;

II - definir, com base nesta Lei e nas normas baixadas pelo IBAMA, os tipos de estabelecimentos industriais que poderão ser implantados em cada uma das categorias de zonas industriais a que se refere o § 1º do art. 1º desta Lei;

III - instalar e manter, nas zonas a que se refere o item anterior, serviços permanentes de segurança e prevenção de acidentes danosos ao meio ambiente;

IV - fiscalizar, nas zonas de uso estritamente industrial e predominantemente industrial, o cumprimento dos padrões e normas de proteção ambiental;

V - administrar as zonas industriais de sua responsabilidade direta ou quando esta responsabilidade decorrer de convênios com a União.

§ 1º Nas Regiões Metropolitanas, as atribuições dos Governos Estaduais previstas neste artigo serão exercidas através dos respectivos Conselhos Deliberativos.

§ 2º Caberá exclusivamente à União, ouvidos os Governos Estadual e Municipal interessados, aprovar a delimitação e autorizar a implantação de zonas de uso estritamente industrial que se destinem à localização de polos petroquímicos, cloroquímicos, carboquímicos, bem como a instalações nucleares e outras definidas em lei.

§ 3º Além dos estudos normalmente exigíveis para o estabelecimento de zoneamento urbano, a aprovação das zonas a que se refere o parágrafo anterior, será precedida de estudos especiais de alternativas e de avaliações de impacto, que permitam estabelecer a confiabilidade da solução a ser adotada.

§ 4º Em casos excepcionais, em que se caracterize o interesse público, o Poder Estadual, mediante a exigência de condições convenientes de controle, e ouvidos o IBAMA, o Conselho Deliberativo da Região Metropolitana e, quando for o caso, o Município, poderá autorizar a instalação de unidades industriais fora das zonas de que trata o § 1º do artigo 1º desta Lei.

Sendo assim, a Lei nº 6938/81 vem apenas ratificar o que já era exigido legalmente, anteriormente ao surgimento da Resolução Conama nº 01/86.

Amplie seus conhecimentos

Paulo Nogueira Neto

Um ícone da política ambiental brasileira, dr. Paulo Nogueira Neto nasceu em São Paulo, em 18 de abril de 1922. Bacharel em Ciências Jurídicas e Sociais e em História Natural, ambas pela Universidade de São Paulo (USP), foi Secretário Especial do Meio Ambiente da década de 1970 e primeiro ministro do Ministério do Meio Ambiente.

Todavia, seu legado mais importante é como o grande idealizador da Lei nº 6938/1981, que criou a Política Nacional do Meio Ambiente, estabelecendo uma maior integração entre as diversas leis ambientais vigentes na época, e o surgimento das políticas ambientais que viriam posteriormente.

Fez parte da Comissão Brundtland das Nações Unidas, da qual surgiu a expressão "desenvolvimento sustentável", e publicou vários livros, muitos dedicados aos estudos de comportamento animal, principalmente as abelhas indígenas sem ferrão, o que lhe conferiu seu doutorado em defesa de tese acadêmica.

É vice-presidente de duas conceituadas organizações não governamentais de preservação ambiental – a S.O.S Mata Atlântica e a WWF do Brasil –, entre outros cargos importantes ligados ao meio ambiente, além de receber várias condecorações, como o título de "Professor Emérito" do Instituto de Biologia da USP.

Saiba mais sobre Paulo Nogueira Neto acessando: http://eco.ib.usp.br/nogueirapis/autor.htm

Vamos recapitular?

Neste capítulo estudamos sobre os métodos de avaliação de impactos ambientais, que são ferramentas essenciais para a descrição de valoração dos impactos ambientais identificados; com a mesma finalidade, foram abordadas algumas técnicas conhecidas para as análises ambientais dos riscos ambientais, como a árvores de falhas, o PDCA, entre outros, além da análise para a determinação das significâncias ambientais. E encerramos com a abordagem do instrumento conclusivo das avaliações dos impactos ambientais, no caso o relatório de impactos ambientais (RIMA), as atividades que necessitam de sua apresentação, e a importância de se observarem outras leis correlatas e obrigatórias, como a sobre o zoneamento industrial.

Agora é com você!

1) Selecione um dos métodos de AIA descritos no capítulo e escolha um impacto ambiental; depois explique como você aplicaria o método para sua avaliação de impactos ambientais, procurando detalhar o seu uso na detecção e dos demais aspectos ambientais encontrados.

2) Pesquise um impacto ambiental de grande magnitude, monte vários grupos de estudos e utilize o método *Ad Hoc* para a sua avaliação de impactos ambientais; depois faça um relatório conclusivo para ser apresentado em sala de aula, para aprovação ou não de seu documento.

3) Faça uma análise de significâncias dos impactos encontrados nos exercícios anteriores, utilizando os aspectos ambientais abordados no livro, ou pesquise outro método para a determinação das significâncias.

5

Licenciamento Ambiental

Para começar

Neste capítulo estudaremos o licenciamento ambiental, os seus objetivos, os critérios para a sua aquisição e algumas atividades obrigadas a requerer para seu pleno funcionamento; há também outras atividades que necessitam de autorização ambiental e outras petições legais, conforme as principais resoluções e aspectos normativos.

5.1 Licenciamento ambiental: conceitos e objetivos

A formalização legal para a localização, instalação, ampliação e operação de empreendimentos ou atividades potencialmente poluidoras é o licenciamento ambiental, que é um conjunto de leis, normas técnicas e administrativas que estabelecem obrigações e responsabilidades previamente acordadas, com vistas a autorizar a sua implantação e operação.

Considerando as dimensões geográficas do Brasil, os impactos ambientais negativos em nosso país também são inúmeros, em razão de sua forte tradição industrial, do grande mercado consumidor, da emergente expansão imobiliária e do potencial para o aumento de grandes empreendimentos de infraestruturas públicas, o que, nem sempre é traduzido por práticas de desenvolvimento sustentáveis.

A emissão de gases poluentes na atmosfera, a disposição inadequada dos resíduos sólidos, o lançamento de líquidos residuais nos efluentes, a ameaça à saúde pública e da qualidade ambiental, a destruição de ecossistemas e da biodiversidade em geral, os riscos de acidentes com produtos tóxicos e perigosos, a autorização dos órgãos competentes aos aterros sanitários devidamente legalizados, enfim, são muitas as atividades e motivos para o controle dos riscos de impactos ambientais. Além do que determina legalmente os órgãos estaduais, o licenciamento ambiental deve estar embasado na Resolução Conama nº 2371997, que, em seu artigo 1º, apresenta alguns conceitos e definições já citados neste livro, mas que são revistos novamente, para o entendimento do contexto da referida norma legal:

> (...) Art. 1º - Para efeito desta Resolução são adotadas as seguintes definições:
>
> I - Licenciamento Ambiental: procedimento administrativo pelo qual o órgão ambiental competente licencia a localização, instalação, ampliação e a operação de empreendimentos e atividades utilizadoras de recursos ambientais, consideradas efetiva ou potencialmente poluidoras ou daquelas que, sob qualquer forma, possam causar degradação ambiental, considerando as disposições legais e regulamentares e as normas técnicas aplicáveis ao caso.
>
> II - Licença Ambiental: ato administrativo pelo qual o órgão ambiental competente, estabelece as condições, restrições e medidas de controle ambiental que deverão ser obedecidas pelo empreendedor, pessoa física ou jurídica, para localizar, instalar, ampliar e operar empreendimentos ou atividades utilizadoras dos recursos ambientais consideradas efetiva ou potencialmente poluidoras ou aquelas que, sob qualquer forma, possam causar degradação ambiental.
>
> III - Estudos Ambientais: são todos e quaisquer estudos relativos aos aspectos ambientais relacionados à localização, instalação, operação e ampliação de uma atividade ou empreendimento, apresentado como subsídio para a análise da licença requerida, tais como: relatório ambiental, plano e projeto de controle ambiental, relatório ambiental preliminar, diagnóstico ambiental, plano de manejo, plano de recuperação de área degradada e análise preliminar de risco.
>
> IV - Impacto Ambiental Regional: é todo e qualquer impacto ambiental que afete diretamente (área de influência direta do projeto), no todo ou em parte, o território de dois ou mais Estados.

Porém, há alguns critérios e procedimentos que devem ser seguidos para a obtenção da licença, que no decorrer deste capítulo e no estudo detalhado desta importante resolução conheceremos um pouco mais.

5.2 Resolução Conama nº 237/97: competências

A Resolução Conama nº 237, de 19 de dezembro de 1997, vem atender o que determina a Política Nacional do Meio Ambiente (Lei nº 6.938/81), visando a necessidade de revisar os procedimentos e critérios administrativos para o licenciamento ambiental, sendo um importante instrumento de gestão ambiental para o desenvolvimento sustentável, que inibe atividades produtivas e empreendimentos lesivos ao meio ambiente.

Para a obtenção do licenciamento ambiental, é importante que se atente às exigências legais requeridas, como os documentos exigidos para a solicitação, o cumprimento de prazos, os requisitos básicos, a comprovação de viabilidade ambiental das atividades, a obediência às etapas que antecedem a obtenção da licença de operação e outros pormenores exigidos legalmente.

A quem compete o fornecimento da licença ambiental? Em se tratando de empreendimentos e atividades que possam causar impactos significativos, com alterações profundamente danosas em âmbito nacional ou regional, a responsabilidade é do Instituto Brasileiro do Meio Ambiente e dos Recursos Naturais Renováveis (Ibama), órgão executor do Sistema Nacional do Meio Ambiente - Sisnama, conforme os critérios citados no artigo 4º:

> I - localizadas ou desenvolvidas conjuntamente no Brasil e em país limítrofe; no mar territorial; na plataforma continental; na zona econômica exclusiva; em terras indígenas ou em unidades de conservação do domínio da União.
>
> II - localizadas ou desenvolvidas em dois ou mais Estados;
>
> III - cujos impactos ambientais diretos ultrapassem os limites territoriais do País ou de um ou mais Estados;
>
> IV - destinados a pesquisar, lavrar, produzir, beneficiar, transportar, armazenar e dispor material radioativo, em qualquer estágio, ou que utilizem energia nuclear em qualquer de suas formas e aplicações, mediante parecer da Comissão Nacional de Energia Nuclear - CNEN;
>
> V - bases ou empreendimentos militares, quando couber, observada a legislação específica.
>
> § 1º - O IBAMA fará o licenciamento de que trata este artigo após considerar o exame técnico procedido pelos órgãos ambientais dos Estados e Municípios em que se localizar a atividade ou empreendimento, bem como, quando couber, o parecer dos demais órgãos competentes da União, dos Estados, do Distrito Federal e dos Municípios, envolvidos no procedimento de licenciamento.
>
> § 2º - O IBAMA, ressalvada sua competência supletiva, poderá delegar aos Estados o licenciamento de atividade com significativo impacto ambiental de âmbito regional, uniformizando, quando possível, as exigências.

E quanto aos impactos menos significativos? Ficariam a cargo dos estados e municípios?

Na verdade, é errôneo afirmar que os estados, os municípios e o Distrito Federal tenham como responsabilidade o controle e o licenciamento de impactos menos significativos; o que existe é a delegação de competência aos impactos gerados nos limites geográficos dessas regiões. Salvo em casos excepcionais de segurança nacional, os órgãos ambientais locais estão sujeitos ao controle de impactos com grande potencial de risco, diferenciando apenas os tipos de atividades a serem fiscalizadas.

Podemos observar as atribuições regionais em seu papel de órgão regulador nos artigos 5º e 6º, que determinam as seguintes diretrizes:

> Art. 5º - Compete ao órgão ambiental estadual ou do Distrito Federal o licenciamento ambiental dos empreendimentos e atividades:

I - localizados ou desenvolvidos em mais de um Município ou em unidades de conservação de domínio estadual ou do Distrito Federal;

II - localizados ou desenvolvidos nas florestas e demais formas de vegetação natural de preservação permanente relacionadas no artigo 2º da Lei nº 4.771, de 15 de setembro de 1965, e em todas as que assim forem consideradas por normas federais, estaduais ou municipais;

III - cujos impactos ambientais diretos ultrapassem os limites territoriais de um ou mais Municípios;

IV - delegados pela União aos Estados ou ao Distrito Federal, por instrumento legal ou convênio.

Parágrafo único. O órgão ambiental estadual ou do Distrito Federal fará o licenciamento de que trata este artigo após considerar o exame técnico procedido pelos órgãos ambientais dos Municípios em que se localizar a atividade ou empreendimento, bem como, quando couber, o parecer dos demais órgãos competentes da União, dos Estados, do Distrito Federal e dos Municípios, envolvidos no procedimento de licenciamento.

Art. 6º - Compete ao órgão ambiental municipal, ouvidos os órgãos competentes da União, dos Estados e do Distrito Federal, quando couber, o licenciamento ambiental de empreendimentos e atividades de impacto ambiental local e daquelas que lhe forem delegadas pelo Estado por instrumento legal ou convênio.

Os órgãos estaduais e municipais têm uma posição estratégica muito importante nesse processo, já que possuem uma estrutura operacional e administrativa que facilita a fiscalização dos empreendimentos e atividades impactantes, além do conhecimento dos aspectos socioeconômicos e ambientais peculiares de suas localidades, o que possibilita a inserção de forma positiva de programas de controles ambientais e outras medidas mitigadoras, também servindo como suporte para auxiliar os projetos similares em esfera federal.

5.3 Atividades sujeitas ao licenciamento

No decorrer da leitura deste livro, podemos observar os diversos impactos ambientais negativos decorrentes de empreendimentos e atividades impactantes, e o quanto pode ser penoso para o meio ambiente a não implementação de medidas para a solução de suas consequências.

As atividades produtivas são a grande preocupação, pois, apesar de representarem papel importante como agentes de transformação tecnológica e de desenvolvimento econômico, durante muitos anos negligenciaram suas responsabilidades nos cuidados com o meio ambiente, ocasionando muitos danos ambientais.Considerando-se a grandeza das reservas naturais aqui disponíveis, a degradação ambiental e a poluição foram se acentuando cada vez mais, e muitas vezes isso acabou refletido na queda da qualidade ambiental, nos riscos à saúde pública e na ameaça de extinção de espécies raras da fauna e da flora.

Entre as atividades e os empreendimentos sujeitos a requererem o licenciamento ambiental, de acordo com o anexo 1 da referida Resolução nº 237/97, podemos citar:

a) Extração e tratamento de minerais

- Pesquisa mineral com guia de utilização.
- Lavra a céu aberto, inclusive de aluvião, com ou sem beneficiamento.
- Lavra subterrânea com ou sem beneficiamento.
- Lavra garimpeira.
- Perfuração de poços e produção de petróleo e gás natural.

Figura 5.1 - Explosões, escavações e perfurações: rotina nas atividades de mineração cujos impactos ambientais devem ser estudados para a prevenção de acidentes e degradação ambiental.

b) Indústria metalúrgica

- Fabricação de aço e de produtos siderúrgicos.
- Metalurgia dos metais não ferrosos, em formas primárias e secundárias, inclusive ouro.
- Produção de soldas e anodos.
- Metalurgia de metais preciosos.
- Metalurgia do pó, inclusive peças moldadas.
- Fabricação de artefatos de ferro/aço e de metais não ferrosos com ou sem tratamento de superfície, inclusive galvanoplastia.

c) Indústria de material elétrico, eletrônico e comunicações

» Fabricação de pilhas, baterias e outros acumuladores.

» Fabricação de material elétrico, eletrônico e equipamentos para telecomunicações e informática.

» Fabricação de aparelhos elétricos e eletrodomésticos.

d) Indústria de material de transporte

» Fabricação e montagem de veículos rodoviários e ferroviários, peças e acessórios.

» Fabricação e montagem de aeronaves.

» Fabricação e reparo de embarcações e estruturas flutuantes.

e) Indústria de madeira

» Serraria e desdobramento de madeira.

» Preservação de madeira.

» Fabricação de chapas, placas de madeira aglomeradas, prensadas e compensadas.

» Fabricação de estruturas de madeira e de móveis.

f) Indústria de papel e celulose

» Fabricação de celulose e pasta mecânica.

» Fabricação de papel e papelão.

» Fabricação de artefatos de papel, papelão, cartolina, cartão e fibra prensada.

g) Indústria de borracha

» Beneficiamento de borracha natural.

» Fabricação de câmara de ar e fabricação e recondicionamento de pneumáticos.

» Fabricação de laminados e fios de borracha.

» Fabricação de espuma de borracha e de artefatos de espuma de borracha, inclusive látex.

h) Indústria de couros e peles

» Secagem e salga de couros e peles.

» Curtimento e outras preparações de couros e peles.

» Fabricação de artefatos diversos de couros e peles.

» Fabricação de cola animal.

i) Indústria química

» Produção de substâncias e fabricação de produtos químicos.

» Fabricação de combustíveis não derivados de petróleo.

» Fabricação de resinas e de fibras e fios artificiais e sintéticos e de borracha e látex sintéticos.

» Fabricação de tintas, esmaltes, lacas, vernizes, impermeabilizantes, solventes e secantes.

» Fabricação de fertilizantes e agroquímicos.

» Fabricação de produtos farmacêuticos e veterinários.

» Fabricação de sabões, detergentes e velas.

- Fabricação de perfumarias e cosméticos.
- Produção de álcool etílico, metanol e similares.

j) Indústria de produtos de matéria plástica

- Fabricação de laminados plásticos.
- Fabricação de artefatos de material plástico.

k) Indústria têxtil, de vestuário, calçados e artefatos de tecidos

- Beneficiamento de fibras têxteis, vegetais, de origem animal e sintéticos.
- Fabricação e acabamento de fios e tecidos.
- Tingimento, estamparia e outros acabamentos em peças de vestuário e artigos diversos.
- Fabricação de calçados e componentes para calçados.

l) Indústria de produtos alimentares e bebidas

- Beneficiamento, moagem, torrefação e fabricação de produtos alimentares.
- Matadouros, abatedouros, frigoríficos, charqueadas e derivados de origem animal.
- Fabricação de conservas.
- Preparação de pescados e fabricação de conservas de pescados.
- Preparação, beneficiamento e industrialização de leite e derivado.

Rehan Qureshi/Shutterstock.com

Figura 5.2 - Purificação da água em uma indústria têxtil: medida de contenção dos resíduos no local da ocorrência, importante para o cumprimento de gerenciamento dos passivos ambientais, e consequentemente, para a devida concessão de licenciamento do setor produtivo.

» Fabricação e refinação de açúcar.
» Refino/preparação de óleo e gorduras vegetais.
» Fabricação de bebidas alcoólicas.

m) Obras civis

» Rodovias, ferrovias, hidrovias, metropolitanos.
» Barragens e diques.
» Canais para drenagem.
» Retificação de curso de água.
» Abertura de barras, embocaduras e canais.
» Transposição de bacias hidrográficas.
» Outras obras de arte.

Enfim, a listagem é imensa, e seria inviável descrever todas elas, convindo ao caro leitor consultar a resolução para o conhecimento de todas no site institucional; todavia, os exemplos acima citados já fornecem os parâmetros necessários para a valorização desse instrumento ambiental, pois o licenciamento ambiental regula atividades que representam riscos não apenas aos aspectos ecológicos em questão como também à segurança pública, tendo em vista a periculosidade no manejo de produtos perigosos e tóxicos que envolvem os setores produtivos, destacando a importância de sua obtenção obrigatória.

5.3.1 Documentos necessários para o licenciamento

Para que se tenha acesso a qualquer serviço de utilidade pública, é sempre necessário que se cumpram os procedimentos burocráticos exigidos pelos órgãos em questão e, na aquisição do licenciamento ambiental, não seria diferente, uma vez que é importante procurar o máximo de informações para a devida regularização; veremos apenas em linhas gerais tais documentos obrigatórios, pois mudanças podem ocorrer nos procedimentos normativos da administração pública. É prudente orientar o caro leitor a procurar sempre se informar, por meio de órgãos públicos ambientais, sobre a ratificação dos documentos exigidos para o licenciamento ambiental.

Contudo, até por uma questão de lógica, sempre há documentos que serão exigidos a qualquer momento, pois são necessários para a identificação dos responsáveis pelos empreendimentos/empresa, para a descrição social da organização e de suas atividades e para outros aspectos legais nas várias esferas públicas (municipal, estadual e federal), como:

» O memorial descritivo do processo industrial da empresa.
» Formulário de Requerimento preenchido e assinado pelo representante legal.
» Cópia do Cadastro de Pessoa Física (CPF) e da Identidade do representante legal que assinar o requerimento.
» Cópias dos CPFs e Registros nos Conselhos de Classe dos profissionais responsáveis pelo projeto, construção e operação do empreendimento.

- Cópias do CPF e da Identidade de pessoa encarregada do contato entre a empresa e o órgão ambiental.
- Cópia do Cadastro Nacional de Pessoa Jurídica (CNPJ).
- Cópia da Certidão da Prefeitura indicando que o enquadramento do empreendimento está em conformidade com o a Lei de Zoneamento Municipal.
- Cópia da Licença ambiental anterior.
- Guia de Recolhimento (GR) do custo de Licença.
- Planta de Localização do empreendimento.
- Croqui ou planta hidráulica das tubulações que conduzem os despejos industriais, esgotos sanitários, águas de refrigeração, águas pluviais etc.

Muitas empresas optam por contratar serviços de empresas ou profissionais especializados na área para a realização do licenciamento, o que é possível, desde que conheçam as exigências legais e tenham a idoneidade e competência para tal; caso contrário, é preferível que adquira todas as informações diretamente no órgão ambiental.

Fique de olho!

O Termo de Referência é o instrumento orientador para a elaboração de qualquer tipo de Estudo Ambiental, como EIA, RIMA, PCA, RCA e PRAD, entre outros, e tem por objetivo estabelecer as diretrizes, o conteúdo e a abrangência do estudo exigido do empreendedor, antes da implantação da atividade modificadora do meio ambiente.

5.4 Relatórios Ambientais (RCA e RAP)

Há casos específicos em que pode haver a dispensa do EIA/RIMA pelo órgão ambiental responsável, o que não significa a ausência comprobatória da avaliação dos impactos gerados, e exigido o Relatório de Controle Ambiental (RCA) em seu lugar, conforme determina a Resolução Conama nº 10/90, em sua redação oficial:

> [...] Considerando a necessidade de serem estabelecidos critérios específicos para o Licenciamento Ambiental de extração mineral da Classe II (Decreto-Lei nº 227, de 28/FEV/1967, visando o melhor controle dessa atividade conforme preconiza as Leis nº 6.567/76, 6.938/81, 7.804/89 e 7.805/89, bem como os Decretos Presidenciais, resolve:
>
> Art. 1º - A exploração de bens minerais da Classe II deverá ser precedida de licenciamento ambiental do órgão estadual de meio ambiente ou do IBAMA, quando couber, nos termos da legislação vigente e desta Resolução.
>
> Art. 2º - Caso o empreendimento necessite ser licenciado por mais de um Estado, dada a sua localização ou abrangência de sua área de influência, os órgãos estaduais deverão manter entendimento prévio no sentido de, na medida possível, uniformizar as exigências.
>
> Art. 3º - A critério do órgão ambiental competente, o empreendimento, em função de sua natureza, localização, porte e demais peculiaridades, poderá ser dispensado

da apresentação dos Estudos de Impacto Ambiental - EIA e respectivo Relatório de Impacto Ambiental - RIMA.

No âmbito da competência das secretarias estaduais do meio ambiente, há ainda a necessidade da elaboração do Relatório Ambiental Preliminar (RAP), que é uma análise da viabilidade ambiental dos empreendimentos e atividades impactantes; em suma, é uma avaliação de impactos ambientais, que servirá de parâmetro para o órgão ambiental analisar a inviabilidade ambiental dos projetos e, com isso, conceder uma licença prévia ou eventual solicitação de EIA e RIMA, caso seja detectado potencial impactante em seu diagnóstico, proporcionando uma aprovação mais rápida e um início de implantação mais breve dos empreendimentos.

5.5 Fases do licenciamento

A licença ambiental é o documento, com prazo de validade definido, em que o órgão ambiental estabelece regras, condições, restrições e medidas de controle ambiental a serem seguidas por sua empresa. De acordo com a Resolução Conama nº 237/97, as licenças ambientais expedidas pelos órgãos ambientais competentes são:

» Licença Prévia (LP): concedida ao estabelecimento ou atividade em fase preliminar, conforme o que está estabelecido no cronograma de elaboração dos planos, programas e projetos relativos ao empreendimento, autorizando a localização e outros requisitos adicionais para requerer as demais licenças;

» Licença de Instalação (LI): deve ser concedida a autorização, desde que atenda o mínimo dos requisitos constantes nos planos, programas e projetos, incluindo as medidas de prevenção ambiental estabelecidos na fase anterior;

» Licença de Operação (LO): autoriza o pleno funcionamento e operação do empreendimento, após a constatação do cumprimento dos requisitos acondicionados e acordados nas licenças anteriores.

Cada tipo de licença deve sempre ser revalidada e seus prazos devem ser verificados nos órgãos ambientais. Em casos de constatação de irregularidades como falsas informações, graves riscos à saúde e ao meio ambiente ou omissão de informação de alterações em processos industriais, o documento poderá ser cancelado.

Fique de olho!

De acordo com o artigo 14º da Resolução Conama nº 237/90, o órgão ambiental competente poderá estabelecer prazos de análise diferenciados para cada modalidade de licença (LP, LI e LO) em razão das peculiaridades da atividade ou do empreendimento, assim como a formulação de exigências complementares.

5.6 Autorizações ambientais

A autorização ambiental é uma medida administrativa e tem como objetivo o controle ambiental de atividades bem definidas, por meio de um documento emitido pela administração pública, podendo ser revogado a qualquer tempo.

Concedido principalmente para as atividades industriais, a diferença entre a autorização ambiental e o licenciamento ambiental consiste na regularização de processos empreendedores e produtivos com impactos pouco significativos ou com finalidade específica, ou seja, há uma concessão controlada para a exploração e manejo dos recursos naturais e outros.

De modo geral, as autorizações ambientais são elaboradas pelas legislações estaduais e municipais, que, por meio dos órgãos ambientais locais e das entidades correlatas, definirão os critérios e as diretrizes para o seu cumprimento, devendo estar em consonância com as políticas nacionais de meio ambiente, normas técnicas e outras leis similares de preservação ambiental e manejo de produtos perigosos.

Visto com certa desconfiança por alguns ambientalistas, algumas autorizações geram desconforto e críticas, pois, em alguns casos, seus opositores entendem que elas sejam, na verdade, uma concessão para alguns setores produtivos poluírem legalmente, como a prática da queima controlada; as opiniões contrárias afirmam que certas atividades e práticas que requerem a autorização ambiental podem ser exercidas naturalmente, desde que por meio de controle ambiental e critérios técnicos específicos; as empresas se defendem, afirmando que deve haver uma conciliação dos interesses coorporativos com as questões ambientais, pois, na condição de agentes de transformação econômica, tecnológica e social, elas também têm a sua importância e direitos no contexto de desenvolvimento sustentável.

A seguir, veremos as principais autorizações ambientais vigentes em território nacional, seus aspectos legais e objetivos para a fundamentação dos enunciados anteriores.

5.7 Uso alternativo do solo

O uso alternativo do solo é necessário para a exploração econômica, o desenvolvimento de projetos sociais e a implementação de obras de infraestrutura, tais como os assentamentos decorrentes da reforma agrária, as instalações de geração e transmissão de energia, a utilização em atividades agrosilvopastoris, a exploração de minérios, a ampliação de estradas e outros acessos para o transporte, a construção de parques industriais etc.

Entretanto, para a supressão de florestas e outros tipos de vegetação natural, há a necessidade de autorização de supressão para uso alternativo do solo, que deve ser requisitada ao órgão ambiental competente do Sistema Nacional do Meio Ambiente (Sisnama), cujas diretrizes estão redigidas no Decreto nº 5.975/2006, que regulamenta os critérios para o manejo e exploração de vegetação arbórea:

> Art.10. A exploração de florestas e formações sucessoras que implique a supressão a corte raso de vegetação arbórea natural somente será permitida mediante autorização de supressão para o uso alternativo do solo expedida pelo órgão competente do SISNAMA.
>
> §1º Entende-se por uso alternativo do solo a substituição de florestas e formações sucessoras por outras coberturas do solo, tais como projetos de assentamento para reforma agrária, agropecuários, industriais, de geração e transmissão de energia, de mineração e de transporte.
>
> §2º O requerimento de autorização de supressão de que trata o caput será disciplinado em norma específica pelo órgão ambiental competente, devendo indicar, no mínimo, as seguintes informações:

I - a localização do imóvel, das áreas de preservação permanente e de reserva legal;

II - o cumprimento da reposição florestal;

III - a efetiva utilização das áreas já convertidas;

IV - o uso alternativo a que será destinado o solo a ser desmatado.

§3º Fica dispensado das indicações georreferenciadas da localização do imóvel, das áreas de preservação permanente e da reserva legal, de que trata o inciso I do § 2º, o pequeno proprietário rural ou possuidor familiar, assim definidos no art. 1º, § 2º, inciso I, da Lei nº 4.771, de 1965.

§4º O aproveitamento da matéria-prima nas áreas onde houver a supressão para o uso alternativo do solo será precedido de levantamento dos volumes existentes, conforme ato normativo específico do IBAMA.

Essas diretrizes legais são parte integrante do Plano de Manejo Florestal Sustentável (PMFS), documento técnico a ser elaborado por empreendedores e atividades produtivas com o objetivo de reduzir impactos ambientais, proporcionar melhor aproveitamento dos recursos naturais, aumentar a rentabilidade econômica e promover a sustentabilidade. Apesar de muitos empreendimentos não terem como finalidade a exploração comercial na supressão de vegetação arbórea, deve haver uma alternativa sustentável para a destinação da matéria-prima nessas áreas, principalmente a madeira. Por isso, os EIAs são tão importantes, já que também avaliarão os custos benefícios ambientais de um determinado projeto, ou seja, se é viável para a preservação ambiental e racionalização no uso dos recursos naturais.

Assim como para a exploração comercial, no uso alternativo do solo, os mesmos critérios para um desenvolvimento sustentável devem ser observados, e o aproveitamento da matéria-prima florestal excedente, nesses casos, gerará a Autorização para a Utilização de Matéria-Prima Florestal (AUMPF), expedida após vistoria técnica que irá conferir a existência, quantidade e descrição das espécies detectadas.

Como não poderia ser diferente, o Conama também regulamenta a questão da supressão de vegetação florestal por meio da Resolução nº 378/2006, que estabelece as competências aos entes federados para o fornecimento das autorizações e ao Ibama, bem como a aprovação dos empreendimentos conforme os critérios disponíveis no artigo 1º, a saber:

I - exploração de florestas e formações sucessoras que envolvam manejo ou supressão de espécies enquadradas no Anexo II da Convenção sobre Comércio Internacional das Espécies da Flora e Fauna Selvagens em Perigo de Extinção - CITES, promulgada pelo Decreto nº 76.623, de17 de novembro de1975, com texto aprovado pelo Decreto Legislativo nº 54, de24 de junho de1975;

II - exploração de florestas e formações sucessoras que envolvam manejo ou supressão de florestas e formações sucessoras em imóveis rurais que abranjam dois ou mais Estados;

III - supressão de florestas e outras formas de vegetação nativa em área maior que:

a) dois mil hectares em imóveis rurais localizados na Amazônia Legal;

> b) mil hectares em imóveis rurais localizados nas demais regiões do país;
>
> IV - supressão de florestas e formações sucessoras em obras ou atividades potencialmente poluidoras licenciadas pelo IBAMA;
>
> V - manejo florestal em área superior a cinquenta mil hectares.
>
> Parágrafo único. A exploração de florestas e formações sucessoras deverá respeitar as regras e limites dispostos em normas específicas para o bioma.

Todavia, há outra preocupação em relação a um uso do solo que, sem critérios e procedimentos bem definidos, pode causar impactos ambientais negativos às suas propriedades, à atmosfera e à qualidade ambiental em geral, que é a prática das *queimadas*.

5.8 Uso do fogo controlado

Objeto de grandes controvérsias entre ambientalistas e produtores, o emprego do fogo na queimada controlada visa espalhar os excedentes vegetais das plantações (folhagem, ramos, galhos, etc.) e facilitar a colheita mecanizada, principalmente no corte de cana-de-açúcar. Os objetivos da prática são:

- » Facilitar o acúmulo de material combustível.
- » Dar uma destinação aos resíduos do setor.
- » Acelerar a decomposição de acículas em vegetais do gênero *Pinus* (pinheiros americanos).
- » Preparo do terreno para o plantio.
- » Controle de parasitas e outras espécies indesejáveis.

Outro aspecto "positivo" para os que defendem o método seria econômico, já que afirmam que a simples queima dos materiais indesejáveis do setor tem um custo muito menor em relação a outras metodologias técnicas, principalmente quando aplicada em áreas acidentadas e de difícil acesso; mas a verdade é que a queimada realizada de forma contínua envolve danos à saúde, empobrecimento gradual do solo, perda de biodiversidade e emissão de gases poluentes na atmosfera.

Com o objetivo de pelo menos atenuar os impactos negativos da queima, foi regulamentado o Decreto nº 2.661/1998, que estabeleceu normas de precaução do emprego do fogo na produção e manejo em atividades agropastoris ou florestais, para fins de pesquisa científica e tecnológica e em áreas com limites físicos previamente definidos, desde que observando os requisitos legais estabelecidas no decreto e outras leis pertinentes.

Entretanto, o leitor deve estar se perguntando: "É permitida ou não a prática da queimada?"

Vejamos o que diz o artigo 4º da referida lei, para a obtenção da autorização:

> Previamente à operação de emprego do fogo, o interessado na obtenção de autorização para Queima Controlada deverá:
>
> I - definir as técnicas, os equipamentos e a mão-de-obra a serem utilizados;
>
> II - fazer o reconhecimento da área e avaliar o material a ser queimado;

III - promover o enleiramento dos resíduos de vegetação, de forma a limitar a ação do fogo;

IV - preparar aceiros de no mínimo três metros de largura, ampliando esta faixa quando as condições ambientais, topográficas, climáticas e o material combustível a determinarem;

V - providenciar pessoal treinado para atuar no local da operação, com equipamentos apropriados ao redor da área, e evitar propagação do fogo fora dos limites estabelecidos;

VI - comunicar formalmente aos confrontantes a intenção de realizar a Queima Controlada, com o esclarecimento de que, oportunamente, e com a antecedência necessária, a operação será confirmada com a indicação da data, hora do início e do local onde será realizada a queima;

VII - prever a realização da queima em dia e horário apropriados, evitando-se os períodos de temperatura mais elevada e respeitando-se as condições dos ventos predominantes no momento da operação;

VIII - providenciar o oportuno acompanhamento de toda a operação de queima, até sua extinção, com vistas à adoção de medidas adequadas de contenção do fogo na área definida para o emprego do fogo.

§ 1º O aceiro de que trata o inciso IV deste artigo deverá ter sua largura duplicada quando se destinar à proteção de áreas de florestas e de vegetação natural, de preservação permanente, de reserva legal, aquelas especialmente protegidas em ato do poder público e de imóveis confrontantes pertencentes a terceiros.

§ 2º Os procedimentos de que tratam os incisos deste artigo devem ser adequados às peculiaridades de cada queima a se realizar, sendo imprescindíveis aqueles necessários à segurança da operação, sem prejuízo da adoção de outras medidas de caráter preventivo.

Portanto, há de se obedecer a diversos requisitos para o uso do método, que inclui a elaboração do "Plano de Queima", um estudo técnico sobre o comportamento do fogo, seus impactos ao meio ambiente, os métodos de controle e as ações de emergência, devendo conter no mínimo:

a) Descrição e localização da área a ser queimada.
b) Os objetivos da queima, definindo as razões para a utilização do fogo.
c) As condições climáticas ideais (temperatura do ar, velocidade e direção do vento, umidade relativa etc.).
d) As técnicas de queima, definindo o método de queima a ser utilizado, relacionando a quantidade de combustível com a intensidade de fogo desejado.
e) O controle da queimada, que inclui a vigilância durante o transcorrer de uma queima controlada e o processo de rescaldo, para eliminar focos de incêndio após o término da queima.
f) A avaliação da queima, registrando dados importantes, como data, hora, condições climáticas, efeitos no meio ambiente, assim como o comportamento do fogo (velocidade, propagação, intensidade, altura etc.).

A justificativa para a implementação legal de autorização para a prática da queima é que, por meio do monitoramento do Estado, a prevenção contra incêndios ficaria relativamente sob controle, bem como a fiscalização da quantificação e qualificação de emissão de gases de efeito estufa (GEE), como parte dos compromissos assumidos pelo país na redução dos poluentes atmosféricos, conforme os acordos internacionais e política nacional sobre "mudanças climáticas".

Por isso, foi criado o Sistema Nacional de Prevenção e Combate a Incêndios Florestais (Prevfogo), para o auxílio do Ibama, que o coordena, estando destinado ao desenvolvimento de monitorar, prevenir, ordenar e combater incêndios florestais, inclusive na promoção de novas técnicas de manejo e controle do fogo.

É sempre importante lembrar que a concessão da autorização da queima pode ser revogada a qualquer momento, já que os órgãos ambientais estaduais, responsáveis pela permissão legal, podem atender aos coletivos quando a prática trouxer impactos negativos ao meio ambiente, à saúde pública, ou se a própria comunidade indeferir judicialmente em benefício justo dos danos causados pela poluição.

5.9 Transporte de produtos florestais

O Documento de Origem Florestal (DOF) é a licença obrigatória para o controle do transporte de produto e subproduto florestal de origem nativa, seja por meio de transporte rodoviário, aéreo, ferroviário, fluvial ou marítimo, e este documento está disponibilizado no site institucional do IBAMA.

É um documento importante para o controle ambiental, pois atesta a procedência legal dos recursos naturais, como a madeira e o carvão vegetal, protegendo as reservas do extrativismo predatório e do comércio ilegal (contrabando), regulando as relações comerciais entre produtores, fornecedores atacadistas, importadores, exportadores, comerciantes varejistas e consumidores, em especial, empresas que se beneficiam do produto, como canteiros de obras, construção civil, usinas, fabricantes, entre outros, além de diretrizes para o seu transporte a armazenamento.

O DOF foi instituído pela Portaria MMA nº 253, de 18 de agosto de 2006, cujas diretrizes se encontram na Instrução Normativa nº 112, de 21 de agosto de 2006, que define no artigo 2º, os produtos e subprodutos a serem controlados:

> I - produto florestal: aquele que se encontra no seu estado bruto ou *in natura*, na forma abaixo:
>
> a) - madeira em toras;
>
> b) - toretes;
>
> c) - postes não imunizados;
>
> d) - escoramentos;
>
> e) - palanques roliços;
>
> f) - dormentes nas fases de extração/fornecimento;

g) - estacas e moirões;

h) - achas e lascas;

i) - pranchões desdobrados com motosserra;

j) - bloco ou filé, tora em formato poligonal, obtida a partir da retirada de costaneiras;

k) - lenha;

l) - palmito;

m) - xaxim;

n) - óleos essenciais.

Parágrafo único - Considera-se, ainda, produto florestal, referido neste artigo, as plantas ornamentais, medicinais e aromáticas, mudas, raízes, bulbos, cipós e folhas de origem nativa ou plantada das espécies constantes da lista oficial deflora brasileira ameaçada de extinção e dos anexos da CITES, para efeito de transporte com DOF.

II - subproduto florestal: aquele que passou por processo de beneficiamento na forma relacionada:

a) - madeira serrada sob qualquer forma, laminada e faqueada;

b) - resíduos da indústria madeireira (aparas, costaneiras, cavacos e demais restos de beneficiamento e de industrialização de madeira) quando destinados para fabricação de carvão;

c) - dormentes e postes na fase de saída da indústria;

d) - carvão de resíduos da indústria madeireira;

e) - carvão vegetal nativo empacotado, na fase posterior à exploração e produção.

f) - xaxim e seus artefatos na fase de saída da indústria.

Como já foi abordado, para a aquisição do documento, o usuário deve acessar o endereço eletrônico do Ibama, podendo ser pessoa física ou jurídica, e não devendo constar nenhuma situação irregular com a instituição responsável pelos serviços; a informação da atividade produtiva ou comercial do requerente e outros dados serão devidamente descritos em formulário próprio e arquivados no cadastro técnico federal, para posteriores consultas.

5.10 Transporte de produtos perigosos

Assim como para a emissão do Documento de Origem Florestal (DOF), o Ibama também é o órgão federal responsável para a concessão de mais uma autorização ambiental em âmbito federal, só que desta vez relacionado ao transporte de produtos perigosos, já que em âmbito regional as competências são dos órgãos estaduais.

Para o entendimento do leitor, é considerado como produto perigoso qualquer material sólido, líquido ou gasoso que seja tóxico, radioativo, corrosivo, quimicamente reativo ou instável durante a estocagem prolongada, em quantidade que representa uma ameaça à vida, à propriedade ou ao meio ambiente, seja ele encontrado na natureza ou produzido por qualquer processo. Como vimos no Capítulo 1 (Riscos Ambientais) deste livro, quando abordamos as consequências de acidentes ambientais, não há a necessidade de ilustrar novamente os impactos negativos ao meio ambiente e os riscos à segurança e à saúde pública que podem ocorrer, em caso de acidentes.

Conforme a Lei Complementar nº 140/2011, apenas o Ibama pode autorizar o transporte de produtos perigosos fora dos limites dos estados. De acordo com o órgão federal, são:

» Transporte ferroviário: é o realizado sobre linhas férreas para transportar, entre outros, produtos perigosos.

» Transporte fluvial: tipo de transporte aquaviário realizado por meio de embarcações para deslocamentos de mercadorias e produtos perigosos utilizando os rios, lagos ou lagoas navegáveis.

» Transporte interestadual: aquele que tem origem e destino em Unidades da Federação distintas, conforme informação expressa na Nota Fiscal da carga, e a que cruze o território nacional para países da América do Sul, nos meios de transportes (ou modais) rodoviário, ferroviário e fluvial.

Roosewelt Pinheiro/ABr/Wikimedia Commons

Figura 5.3 - Fiscal do Inmetro vistoria caminhão que transporta produtos perigosos no Distrito Federal; fiscalização rigorosa para a identificação de infratores e de não conformidades nos aspectos de segurança. Foto: julho de 2008.

» Transporte marítimo: tipo de transporte aquaviário realizado por meio de embarcações para deslocamentos de mercadorias e produtos perigosos utilizando o mar aberto como via.

» Transporte multimodal: aquele que utiliza modais distintos durante o percurso entre origem e destino da carga.

Assim como no DOF, para a aquisição da Autorização Ambiental para Transporte de Produtos Perigosos, os procedimentos são os mesmos, ou seja, devem ser feitos a solicitação (pelo endereço eletrônico do Ibama), emitida por pessoas físicas ou jurídicas, o preenchimento dos requisitos para a emissão do Certificado de Regularidade Ambiental e o devido cadastro de todas as informações fornecidas.

5.11 Outorga da água

Para assegurar o controle das águas superficiais e subterrâneas, o poder público utiliza como instrumento de gestão a outorga, que é um instrumento jurídico e ambiental para assegurar a quantidade e qualidade do recurso natural, por meio de procedimentos administrativos e operacionais pré-estabelecidos, garantindo assim o exercício do direito de acesso.

É necessário saber que a União tem como competência a gestão das águas que banham mais de um estado, em áreas que se estendem aos territórios vizinhos ao nosso país (Argentina, Paraguai, Uruguai etc.), compostos de rios importantes no território nacional para o abastecimento e desenvolvimento energético, como o Rio Paraná, o Rio São Francisco e o Rio Paraíba do Sul, além de reservatórios construídos pelo Governo Federal, como a Companhia de Desenvolvimento do Vale São Francisco (Codevasf).

Esta diferenciação tem como objetivo a delegação de competência da gestão das águas em âmbito regional, como no caso do Rio Tietê em São Paulo, que é gerido pelo Departamento de Água e Energia Elétrica (DAEE); para a aquisição da outorga, o usuário deve acessar o endereço eletrônico da Agência Nacional das Águas, instrumento de gestão dos recursos hídricos, criado pela Lei nº 9.484/2000, que tem, entre outras competências:

» Examinar os pedidos de outorga preventiva e de direito de uso das águas da União;

» Realizar análises técnicas dos processos de outorga;

» Propor a celebração de convênio, contratos e termos de cooperação;

» Sistematizar as informações para apoio à análise técnica dos pedidos de outorga;

» Especificar os requisitos e subsidiar a estruturação e a implementação dos procedimentos;

» Providenciar a emissão de Certificado de Regularização de Uso da Água.

A ANA e as diretrizes da gestão dos recursos hídricos foram instituídas com o surgimento da Política Nacional dos Recursos Hídricos. Veremos como se deu sua elaboração no próximo tópico.

5.11.1 Política Nacional de Recursos Hídricos (Lei nº 9.433/97)

A ANA (Agência Nacional das Águas), autarquia federal vinculada ao MMA, é, como já foi citado, responsável pela implementação de gestão dos recursos hídricos do País, sendo parte integrante da Política Nacional de Recursos Hídricos pela Lei nº 9.433, de 08 de janeiro de 1997, que, além desse importante órgão, definiu os fundamentos, objetivos, as diretrizes e os instrumentos para a preservação e o uso sustentável dos recursos hídricos, criando o Sistema Nacional de Gerenciamento dos Recursos Hídricos (SNGRH).

Figura 5.4 - Divisão do território brasileiro em 12 regiões hidrográficas, de acordo com a Resolução nº 32 do Conselho Nacional de Recursos Hídricos, de 15 out. 2003.

Em relação à concessão de outorga da água, a Política Nacional de Recursos Hídricos determina as seguintes diretrizes, em sua redação oficial:

> Art. 12. Estão sujeitos a outorga pelo Poder Público os direitos dos seguintes usos de recursos hídricos:
>
> I - derivação ou captação de parcela da água existente em um corpo de água para consumo final, inclusive abastecimento público, ou insumo de processo produtivo;
>
> II - extração de água de aquífero subterrâneo para consumo final ou insumo de processo produtivo;
>
> III - lançamento em corpo de água de esgotos e demais resíduos líquidos ou gasosos, tratados ou não, com o fim de sua diluição, transporte ou disposição final;
>
> IV - aproveitamento dos potenciais hidrelétricos;

V - outros usos que alterem o regime, a quantidade ou a qualidade da água existente em um corpo de água.

§ 1º Independem de outorga pelo Poder Público, conforme definido em regulamento:

I - o uso de recursos hídricos para a satisfação das necessidades de pequenos núcleos populacionais, distribuídos no meio rural;

II - as derivações, captações e lançamentos considerados insignificantes;

III - as acumulações de volumes de água consideradas insignificantes.

Por ser um assunto de certa complexidade técnica, no qual os conflitos de interesses se acercam de muitas controvérsias políticas e econômicas, a Lei nº 9433/97 criou também o Sistema Nacional de Informações sobre os Recursos Hídricos (SNIRH), com o propósito de reunir, divulgar e atualizar dados sobre qualidade, quantidade, disponibilidade e demanda pelos recursos hídricos do País, para o fornecimento de informações relevantes sobre o assunto.

Amplie seus conhecimentos

O "Lixão de Carapicuíba"

Situado no município de Carapicuíba (zona oeste da Grande São Paulo), a Lagoa de Carapicuíba era uma antiga alça do Rio Tietê, onde funcionavam duas atividades que sempre foram alvos de muitas controvérsias entre ambientalistas, população e os órgãos públicos: o porto de areia e o polêmico lixão de Carapicuíba.

Apesar do nome de lagoa, os próprios moradores da região referiam-se ao local pelo nome de "cava", pois na verdade era uma área de escavação e extração de areia a seco. Com o rompimento das margens do leito do Rio Tietê próximo ao local, no início da década de 70, as cavas foram inundadas para o beneficiamento das atividades minerárias por meio de dragas (cavas inundadas).

Aliado à falta de gerenciamento urbano adequado na região, surgiram as primeiras favelas aos arredores e a utilização de outra área para a disposição de lixo (lixão a céu aberto), que no decorrer dos anos foi aumentando gradativamente a ponto de receber em 1999 a nota 1,0 de IQR (Índice de Qualidade de Aterro de Resíduos), utilizado pela CETESB para avaliar a qualidade de destinação do lixo, A área teve o recebimento de 200 toneladas de resíduos diários e a atuação de mais de 150 catadores no local.

Em virtude do endurecimento das leis, da pressão dos órgãos ambientais e da pressão da mídia, foi assinado em 31/08/2010 um Termo de Ajustamento e Conduta (TAC) entre as Prefeituras de Carapicuíba e Barueri e órgãos públicos e mistos (SABESP, CDHU, DAEE, CPTM E CETESB), além da secretaria de Transporte e Logística, com o Ministério Público Estadual, para a recuperação ambiental e inserção urbana e, com isso, eliminar impactos ambientais, como rede de esgoto clandestina, percolação de chorume a céu aberto, focos de contaminação, alagamentos, diminuição do tráfego de caminhões de cargas de areia, além de promover melhorias no aspecto social, como ampliação do acesso ferroviário, revitalização do centro urbano, implantação de centro logístico, criação de um heliporto, reassentamento das famílias e consequentemente a remoção das favelas, entre outros benefícios.

Existe um cronograma para que todos os projetos sejam cumpridos até 2021, mas os habitantes da região já podem se beneficiar de uma obra que já foi concluída: a construção do Parque Estadual Gabriel Chucre, inaugurado em 11/11/2012, e que além de contar com áreas verdes e quiosques, possui quadras poliesportivas, áreas de lazer, estacionamento, centro de eventos, e finalmente um lago que a população possa ser orgulhar, tudo em uma área de 134 mil m^2 e para o benefício dos moradores de Carapicuíba e municípios vizinhos, como Osasco, Barueri e Jandira.

Apesar da eliminação do lixão, da construção de áreas de lazer e de outras melhorias, alguns assentamentos humanos ainda constituem uma realidade à beira da lagoa. De acordo com o TAC, deverão ser removidas, para a eliminação de favelas e reestruturação urbana da região.

Figura 5.5 - Assentamentos à beira da lagoa: aspectos sociais ainda a serem resolvidos para o cumprimento dos termos de ajustamento e conduta, já que os habitantes ali instalados estão próximos da área degradada ambientalmente.

Vamos recapitular?

Neste capítulo, o tema principal abordado foi o licenciamento ambiental. Estudamos seus objetivos, critérios técnicos e administrativos, as fases do licenciamento e documentos necessários, além de algumas atividades obrigatóriasß para implementação e manutenção de seu funcionamento; também vimos a obrigatoriedade de autorizações ambientais para o uso controlado do fogo e alternativo do solo, o transporte de produtos florestais e de produtos perigosos, e encerramos com a abordagem da Política Nacional dos Recursos Hídricos e um dos seus principais instrumentos, a outorga da água.

Agora é com você!

1) Há muitas atividades industriais que requerem o licenciamento ambiental, em razão dos impactos potencialmente poluidores que podem causar. Escolha três dessas atividades e explique quais os motivos (impactos, aspectos legais etc.) para a sua obrigatoriedade de requerer o licenciamento ambiental.

2) Aterros sanitários são atividades de serviços que necessitam do licenciamento ambiental? Por quê? Justifique a sua resposta.

3) Em sua opinião, é necessária a intervenção do Estado para o controle dos recursos hídricos no país? Há setores produtivos ou empreendedores que necessitam da outorga da água, para seu usufruto, no desenvolvimento econômico de suas atividades. Explique e dê exemplos.

6 Recuperações Ambientais

Para começar

Neste último capítulo, veremos as medidas mitigadoras e de controle ambiental para a recuperação e restauração ambiental de ecossistemas e de área de preservação ambiental, sempre amparado por seus aspectos legais e seus principais objetivos; serão abordados os procedimentos legais e princípios a serem adotados em caso de emergências ambientais, bem como o transporte de produtos perigosos.

6.1 Medidas mitigadoras

Mitigar é fazer com que algo fique mais brando, suave, tênue ou menos intenso e doloroso; para uma palavra constantemente utilizada na área ambiental, era de se esperar um significado com maior complexidade, mas em sua simplicidade etimológica se esconde sua real importância para a gestão ambiental: encontrar soluções para a prevenção dos impactos ambientais.

As medidas mitigadoras têm como objetivo a prevenção de impactos ambientais negativos. Fazendo um paralelo com o que foi abordado no primeiro parágrafo, podemos concluir que sua finalidade é reduzir os danos ambientais, pois evitá-los, na maioria das vezes, é muito difícil.

Então, não haveria nenhuma utilidade a implementação das medidas mitigadoras?

Absolutamente; sem as medidas mitigadoras, os esforços desprendidos nas avaliações dos impactos ambientais seriam em vão, já que de nada adiantaria detectar a doença sem ao menos apontar uma cura; focando novamente ao que se propõe o tema, as medidas visam reduzir a magnitude dos impactos e, como vimos no decorrer deste livro, os impactos também podem ser benéficos por meio de alterações antrópicas na natureza que implementem metodologia técnico-científica para potencializar os impactos positivos.

Recordando o que vimos no Capítulo 3 (Estudos dos Impactos Ambientais), resumidamente, as medidas mitigadoras podem ser:

a) Medida mitigadora preventiva: tem como objetivo minimizar ou eliminar os impactos negativos.

b) Medida mitigadora corretiva: tem como objetivo restabelecer a situação anterior à ocorrência de um impacto negativo.

c) Medida mitigadora compensatória: propõe repor os bens socioambientais perdidos em decorrência de ações do empreendimento.

d) Medida potencializadora: visa otimizar o impacto positivo decorrente da implantação do empreendimento.

A proposição de uma medida mitigadora deve constar no escopo do RIMA. Por meio das análises conclusivas das AIAs, os profissionais da equipe técnica apresentarão as soluções mais viáveis a serem implementadas para o alcance dos objetivos, possibilitando o desenvolvimento das opções de recuperação ambiental adequada e que sejam compatíveis com a realidade das propostas, ou seja, de acordo com a significância dos eventos, associados aos aspectos ambientais diagnosticados e conforme a viabilidade técnica e financeira disponível.

IHA Central Office/Wikimedia Commons

Figura 6.1 - A maior geradora de energia elétrica do mundo é um exemplo de impacto ambiental positivo, pois consegue maximizar os seus benefícios de desenvolvimento, em convivência pacífica com o meio ambiente que o cerca.

Porém, as medidas mitigadoras implantadas devem apresentar uma eficiência comprovada. Independentemente de os impactos serem adversos ou benéficos, seu desenvolvimento deve ser monitorado por meio de indicadores confiáveis, que possam checar as não conformidades operacionais, ambientais e aspectos legais exigíveis.

6.2 Recuperação ambiental: conceitos e objetivos

Implementar um série de medidas que devolvam ao meio ambiente as suas características: eis o grande desafio da recuperação ambiental, o que não é fácil, tendo em vista que a estabilidade e o equilíbrio ambientais podem se comprometer de forma significativa, dependendo do potencial dos impactos negativos.

Parte integrante do RIMA, sua finalidade é desenvolver estratégias para a conservação da biodiversidade, do solo, dos recursos hídricos e da qualidade ambiental do ar, entre outros fatores ecológicos, com a observância nos aspectos legais das políticas ambientais públicas e a aplicação de uma gestão técnica e critérios, e assim, cumprir o que determina o artigo 2º da Política Nacional do Meio Ambiente:

> A Política Nacional do Meio Ambiente tem por objetivo a preservação, melhoria e recuperação da qualidade ambiental propícia à vida, visando assegurar, no País, condições ao desenvolvimento socioeconômico, aos interesses da segurança nacional e à proteção da dignidade da vida humana, atendidos os seguintes princípios:
>
> I - ação governamental na manutenção do equilíbrio ecológico, considerando o meio ambiente como um patrimônio público a ser necessariamente assegurado e protegido, tendo em vista o uso coletivo;
>
> II - racionalização do uso do solo, do subsolo, da água e do ar;
>
> Ill - planejamento e fiscalização do uso dos recursos ambientais;
>
> IV - proteção dos ecossistemas, com a preservação de áreas representativas;
>
> V - controle e zoneamento das atividades potencial ou efetivamente poluidoras;
>
> VI - incentivos ao estudo e à pesquisa de tecnologias orientadas para o uso racional e a proteção dos recursos ambientais;
>
> VII - acompanhamento do estado da qualidade ambiental;
>
> VIII - recuperação de áreas degradadas;
>
> IX - proteção de áreas ameaçadas de degradação;
>
> X - educação ambiental a todos os níveis de ensino, inclusive a educação da comunidade, objetivando capacitá-la para participação ativa na defesa do meio ambiente.

Assim como a Constituição Federal, a Lei nº 6.938/81 exige que qualquer atividade empreendedora ou produtiva impactante deva arcar com o ônus da recuperação ambiental, e há muito a fazer, já que, colocados à deriva por muito tempo, os danos ambientais se multiplicaram nos últimos anos, devido à inoperância dos poderes públicos e à falta de consciência ambiental da sociedade em geral. É claro que também houve avanços, como a implantação da coleta seletiva, a agricultura familiar, o gerenciamento dos resíduos e a reciclagem, que introduziram a população e a produção na temática ambiental, mas, em se tratando de grandes impactos negativos, e do incentivo de mecanismos de desenvolvimento mais limpo, o processo ainda "engatinha".

Contudo, há como recuperar uma área que sofreu os impactos decorrentes da poluição ou do extrativismo predatório e ilegal?

Depende do nível do impacto causado, pois há casos de impossibilidade de recuperação ou restauração anterior, restando apenas a alternativa de reabilitação da área atingida, ou seja, seu aproveitamento para outra finalidade, o que não deixa de ser uma medida compensatória, porém paliativa.

Lembre-se

A Lei de Crimes ambientais (Lei nº 9.985/2000) define em sua redação:

I - área degradada: área impossibilitada de retornar por uma trajetória natural, a um ecossistema que se assemelhe a um estado conhecido antes, ou para outro estado que poderia ser esperado;

II - área alterada ou perturbada: área que após o impacto ainda mantém meios de regeneração biótica, ou seja, possui capacidade de regeneração natural;

III - recuperação: restituição de um ecossistema ou de uma população silvestre degradada a uma condição não degradada, que pode ser diferente de sua condição original.

6.3 Recuperação *versus* restauração

Para a compreensão dos próximos tópicos, é necessário que se esclareçam algumas diferenças entre recuperação ambiental e restauração ambiental; em resumo, a recuperação ambiental tem como objetivo estabelecer condições semelhantes a intervenção antrópicas, enquanto a restauração é mais ampla, pois comtempla o retorno completo das mesmas condições bióticas de antes, o que na maioria das vezes é muito difícil.

Vejamos na Lei nº 9.985, de 18 de julho de 2000, que instituiu o Sistema Nacional de Unidades de Conservação da Natureza, a definição oficial dos termos citados (artigo 2º):

» Recuperação: restituição de um ecossistema ou de uma população silvestre degradada a uma condição não degradada, que pode ser diferente de sua condição original.

» Restauração: restituição de um ecossistema ou de uma população silvestre degradada o mais próximo possível da sua condição original.

Como já abordamos anteriormente, o Brasil possui inúmeras riquezas naturais, muitas das quais, já tão combalidas pela degradação ambiental que não suportam mais alterações, que de acordo com os danos sofridos podem ser irreversíveis, pois muitas espécies de nossa biodiversidade se encontram com reais riscos de extinção. Há outras consequências que devem ser destacadas, sem possiblidade de retorno, como os danos sociais e econômicos causados às populações tradicionais, que têm a natureza como forma de subsistência e o fator cultural como seu *habitat*, como os indígenas e trabalhadores extrativistas de pequenas áreas rurais.

Como preservar é sempre melhor do que recuperar, as diretrizes do Sistema Nacional de Unidades de Conservação da Naturezase baseiam em:

- Contribuir para a manutenção da diversidade biológica e dos recursos genéticos no território nacional e nas águas jurisdicionais.
- Proteger as espécies ameaçadas de extinção no âmbito regional e nacional.
- Contribuir para a preservação e a restauração da diversidade de ecossistemas naturais.
- Promover o desenvolvimento sustentável a partir dos recursos naturais.
- Promover a utilização dos princípios e práticas de conservação da natureza no processo de desenvolvimento.
- Proteger paisagens naturais e pouco alteradas de notável beleza cênica.
- Proteger as características relevantes de natureza geológica, geomorfológica, espeleológica, arqueológica, paleontológica e cultural.
- Proteger e recuperar recursos hídricos e edáficos.
- Recuperar ou restaurar ecossistemas degradados.
- Proporcionar meios e incentivos para atividades de pesquisa científica, estudos e monitoramento ambiental.
- Valorizar econômica e socialmente a diversidade biológica.
- Favorecer condições e promover a educação e a interpretação ambientais, a recreação em contato com a natureza e o turismo ecológico.
- Proteger os recursos naturais necessários à subsistência de populações tradicionais, respeitando e valorizando seu conhecimento e sua cultura e promovendo-as social e economicamente.

Apesar de a Lei nº 9.985/2000 ter como foco a preservação dos recursos naturais e da biodiversidade, ambiguamente também cita a recuperação e restauração ambiental, inclusive com o apoio a programas com tais finalidades, antecipando-se aos possíveis impactos negativos que possam surgir e ao apoio em iniciativas sustentáveis aos impactos positivos.

Veremos, no decorrer deste último capítulo, a importância da conservação e recuperação de alguns componentes bióticos, para o atendimento dos aspectos legais e preservação da natureza.

6.4 Plano de recuperação de áreas degradadas (PRAD)

Área degradada é o local que sofreu alterações em suas propriedades e características naturais, sendo necessário que os danos causados sejam revertidos, ou pelo menos atenuados, por meio de um plano de recuperação que viabilize sua estrutura, isto é, sua capacidade produtiva e seus aspectos físicos, químicos e biológicos, fatores preponderantes para o seu êxito.

Para tanto, é necessário que se tenha uma metodologia específica, que o Instituto Brasileiro do Meio Ambiente e dos Recursos Naturais Renováveis (IBAMA), estabelece por meio de sua Instrução Normativa nº 4, de 13 de abril de 2011: o Plano de Recuperação de Áreas Degradadas (PRAD), que, entre outras providências, consiste em um conjunto de operações técnicas e administrativas com o objetivo de recuperar os aspectos bióticos do meio ambiente.

O PRAD é desenvolvido após a implementação do empreendimento, no qual a retirada da cobertura vegetal causada pelo desflorestamento, e consequentemente, a recuperação do solo e das reservas hídricas são essenciais, pois fornecem as condições básicas para a preservação dos ecossistemas e a manutenção da qualidade ambiental. A recuperação vegetal é um desses itens principais, já que a sua supressão aumenta os processos erosivos, o assoreamento dos rios, a poluição atmosférica e hídrica, e a irregularidade na temperatura ambiente, além da destruição do *habitat* natural das espécies locais.

De acordo com a instrução normativa, as principais diretrizes para a implantação do PRAD, são:

» Estabelecer procedimentos para elaboração de Projeto de Recuperação de Área Degradada (PRAD) ou Área Alterada, para fins de cumprimento da legislação ambiental, bem como dos Termos de Referência.

» Reunir informações, diagnósticos, levantamentos e estudos que permitam a avaliação da degradação ou alteração e as medidas adequadas à recuperação da área, de acordo com as especificações dos Termos de Referência.

» Contemplar peculiaridades locais sem atender a todas as diretrizes e orientações técnicas constantes nos Termos de Referência, desde que tecnicamente justificadas.

» Estimular e conduzir a regeneração natural da vegetação nativa, desde que as condições assim permitirem, por meio de análises técnicas.

» Implementação de projeto simplificado de recuperação de área degradada ou alterada, em pequena propriedade rural ou posse familiar, também por meio de termo de referência.

» O PRAD deverá informar as técnicas e os métodos a serem empregados de acordo com as peculiaridades de cada área, preferencialmente aqueles de eficácia já comprovada.

» O PRAD deverá propor medidas que assegurem a proteção das áreas degradadas ou alteradas de quaisquer fatores que possam dificultar ou impedir o processo de recuperação.

» Prioridade à proteção e conservação do solo e dos recursos hídricos, e a aplicação imediata de técnicas de controle da erosão.

» Embasamento teórico que contemple as variáveis ambientais e seu funcionamento similar ao dos ecossistemas da região.

Mas o que é o Termo de Referência?

Trata-se de um documento obrigatório para o desenvolvimento do PRAD, com a descrição de análises preliminares que servirão como orientação do plano, como as informações gerais do empreendimento e de seus responsáveis, dos danos ambientais causados, as características do meio biótico, a metodologia aplicada e outros pormenores.

6.4.1 Estrutura do PRAD

Como qualquer instrumento de gestão ambiental, o PRAD também passará por monitoramento e avaliação de sua eficácia, e a responsabilidade de vistoriar as áreas degradadas ou alteradas será das superintendências do Ibama. Ao final da execução do PRAD, deverá ser apresentado o Relatório de Avaliação com indicativos que permitam aferir o grau e a efetividade da recuperação da área.

Resumidamente, a metodologia do PRAD deverá seguir as seguintes etapas:

» Diagnóstico ambiental: reconhecimento topográfico, mapeamento da área, as características do solo, clima, relevo, geologia, hidrologia e da flora.

» Planejamento ambiental: deve ter como diretrizes básicas a dissipação das águas pluviais superficiais, a reciclagem e reutilização de materiais e a recuperação da vegetação.

» Implantação: são as medidas mitigadoras a serem implantadas, como preparo do solo, controle do fogo, construção de canais escoadouros, florestamento e reflorestamento, implantação de pastagens, plantas de cobertura etc.

» Monitoramento: para a constatação da eficácia do programa e a adoção de outras medidas para a sua manutenção, como replantio, criação de aceiros e combate de pragas.

É necessário que o desenvolvimento de um programa de recuperação ambiental, seja realizado por profissionais experientes e qualificados, pois os trabalhos despendidos para a sua implementação requerem conhecimentos técnicos em diversas áreas multidisciplinares de atuação, o que é de relevante importância para a adoção de medidas mitigadoras e de controle ambiental posteriormente.

Há muitas instituições técnico-científicas na área ambiental que têm como finalidade a pesquisa de soluções para a implementação de medidas de preservação ambiental, a promoção da sustentabilidade, o suporte técnico e de orientação aos programas ambientais públicos e privados, a recuperação de áreas degradadas e temáticas similares, que pela sua excelência são conhecidos como Centros de Referência em Recuperação de Áreas degradadas (CRADs), na qual divulgam seus estudos nas áreas acadêmicas, inclusive com o incentivo ao aperfeiçoamento dos profissionais, o apoio à educação ambiental, a ministração de cursos, além de consultoria e prestação de serviços.

Procurar explorar técnicas para a implementação dos programas ambientais seria demasiadamente longo e profundo em tão poucas linhas, principalmente pela complexidade do tema; porém, vejamos nos próximos subtítulos alguns dos fatores ambientais mais relevantes para a recuperação e também de restauração ambiental, e como podem ser importantes para o meio ambiente.

Fique de olho!

Aceiros são faixas da superfície do solo ao longo das cercas onde a vegetação foi eliminada, e sua finalidade é evitar a passagem do fogo para a área de vegetação, protegendo-a de queimadas ou incêndios.

6.5 Recuperação ambiental de APP

De acordo com o Código Florestal Brasileiro, a Área de Preservação Permanente (APP) é:

> a área protegida, coberta ou não por vegetação nativa, com a função ambiental de preservar os recursos hídricos, a paisagem, a estabilidade geológica e a biodiversidade, facilitar o fluxo gênico de fauna e flora e assegurar o bem estar das populações humanas (BRASIL, 2012).

As APPs são teoricamente áreas intocáveis para a supressão de vegetação, pois, apesar da própria nomenclatura estabelecer a condição permanente da integridade de suas características, a Resolução Conama nº 369/2006 autoriza a intervenção nesses locais para a implantação de obras, planos, atividades ou projetos de interesse público ou social, além de ações antrópicas que possam oferecer riscos de baixo impacto ambiental.

Porém, além dos critérios acima citados, a supressão de vegetação nativa deve sempre ter em vista a recuperação "simultânea" do que foi extraído, tanto que, na Resolução nº 369/2006, fica clara a preocupação em estabelecer que a preservação das reservas naturais. A recuperação de APP deverá ser feita pelos seguintes métodos:

- Por meio da condução da regeneração natural de espécies nativas;
- pelo plantio de espécies nativas; ou
- pelo plantio de espécies nativas em conjunto com a regeneração natural de espécies nativas.

Cada método tem seus critérios específicos. A referida norma, em sua redação oficial, descreve as seguintes diretrizes a serem cumpridas para sua metodologia:

> a) regeneração natural de espécies nativas:
>
> I - proteção, quando necessário, das espécies nativas mediante isolamento ou cercamento da área a ser recuperada, em casos especiais e tecnicamente justificados;
>
> II - adoção de medidas de controle e erradicação de espécies vegetais exóticas invasoras de modo a não comprometer a área em recuperação;
>
> III - adoção de medidas de prevenção, combate e controle do fogo;
>
> IV - adoção de medidas de controle da erosão, quando necessário;
>
> V - prevenção e controle do acesso de animais domésticos ou exóticos;
>
> VI - adoção de medidas para conservação e atração de animais nativos dispersores de sementes.
>
> b) Pelo plantio de espécies nativas, ou em conjunto com a da regeneração natural de espécies nativas:
>
> I - manutenção dos indivíduos de espécies nativas estabelecidos, plantados ou germinados, pelo tempo necessário, sendo no mínimo dois anos, mediante coroamento, controle de plantas daninhas, de formigas cortadeiras, adubação quando necessário e outras;
>
> II - adoção de medidas de prevenção e controle do fogo;
>
> III - adoção de medidas de controle e erradicação de espécies vegetais ruderais e exóticas invasoras, de modo a não comprometer a área em recuperação;
>
> IV - proteção, quando necessário, das espécies vegetais nativas mediante isolamento ou cercamento da área a ser recuperada, em casos especiais e tecnicamente justificados;

V - preparo do solo e controle da erosão, quando necessário;

VI - prevenção e controle do acesso de animais domésticos;

VII - adoção de medidas para conservação e atração de animais nativos dispersores de sementes;

VIII - plantio de espécies nativas conforme previsto nos §§ 1º e 2º deste artigo.

E o caso de reserva legal? Veremos no próximo tópico.

Conrado/Wikimedia Commons

Figura 6.2 - APP ciliando a divisa de Goiás e Minas Gerais: as APPs geralmente são áreas de difícil acesso e com pouca fiscalização, o que pode favorecer o desmatamento e as queimadas.

6.5.1 Reserva legal: critérios e metodologia

Reserva legal, para efeito da lei, é

> área localizada no interior de uma propriedade ou posse rural, delimitada nos termos do art. 12, com a função de assegurar o uso econômico de modo sustentável dos recursos naturais do imóvel rural, auxiliar a conservação e a reabilitação dos processos ecológicos e promover a conservação da biodiversidade, bem como o abrigo e a proteção de fauna silvestre e da flora nativa.

Em suma, a reserva legal tem importância social, pois a extração de vegetação nativa pode ser realizada, porém de forma sustentável, uma vez que seus proprietários têm como objetivo o beneficiamento econômico ou de subsistência das reservas, desde que se cumpra a metodologia também especificada no Código Florestal, que nesse caso segue estas determinações:

> I - o preparo do solo e controle da erosão quando necessário;
>
> II - a recomposição e manutenção da fisionomia vegetal nativa, mantendo permanentemente a cobertura do solo;
>
> III - a limitação do uso de insumos agroquímicos, priorizandose o uso de adubação verde;
>
> IV - a não utilização e controle de espécies ruderais e exóticas invasoras;
>
> V - a restrição do uso da área para pastejo de animais domésticos, ressalvado o disposto no art. 11 da Resolução Conama nº 369/06;
>
> VI - a consorciação com espécies agrícolas de cultivos anuais;
>
> VII - a consorciação de espécies perenes, nativas ou exóticas não invasoras, destinadas à produção e coleta de produtos não madeireiros, como por exemplo, fibras, folhas, frutos ou sementes;
>
> VIII - a manutenção das mudas estabelecidas, plantadas e/ou germinadas, mediante coroamento, controle de fatores de perturbação como espécies competidoras, insetos, fogo ou outros e cercamento ou isolamento da área, quando necessário.

O percentual da propriedade registrada como reserva legal pode variar dependendo do bioma e da região; na área de floresta da "Amazônia Legal", pode chegar a 80% em sua restrição, pois seus meios bióticos são de grande importância ecológica para a preservação da rica biodiversidade que contém.

Atividades que envolvam extração de recursos naturais, corte raso ou uso do solo, só em casos extremamente excepcionais e autorizados por orgãos ambientais, o que geralmente é concedido apenas para o ecoturismo e, nos demais casos, com a apresentação de Plano de Manejo; o leigo pode pensar que a titularidade de proprietário particular de uma determinada área lhe reserva o direito de exploração e critérios próprios de seus recursos, mas isso não é possível (e claro, ilegal), já que todo o componente ecológico que compõe o meio ambiente está sob a tutela do Estado, que deve ver o interesse da coletividade e não o individual.

6.5.2 Áreas de preservação permanentes urbanas

A recuperação de APPs em áreas urbanas é outra questão a ser observada e está muito ligada à melhoria da qualidade ambiental nas grandes cidades por meio da manutenção dos parques nacionais, das reservas ecológicas e de outros similares, destinados à visitação e ao lazer público, além de ser importante para o "resgate" do carbono da poluição atmosférica.

Durante os últimos anos, diversas políticas e leis ambientais foram desenvolvidas para a recuperação ambiental dos centros urbanos, que, além da ausência cada vez maior de áreas arborizadas,

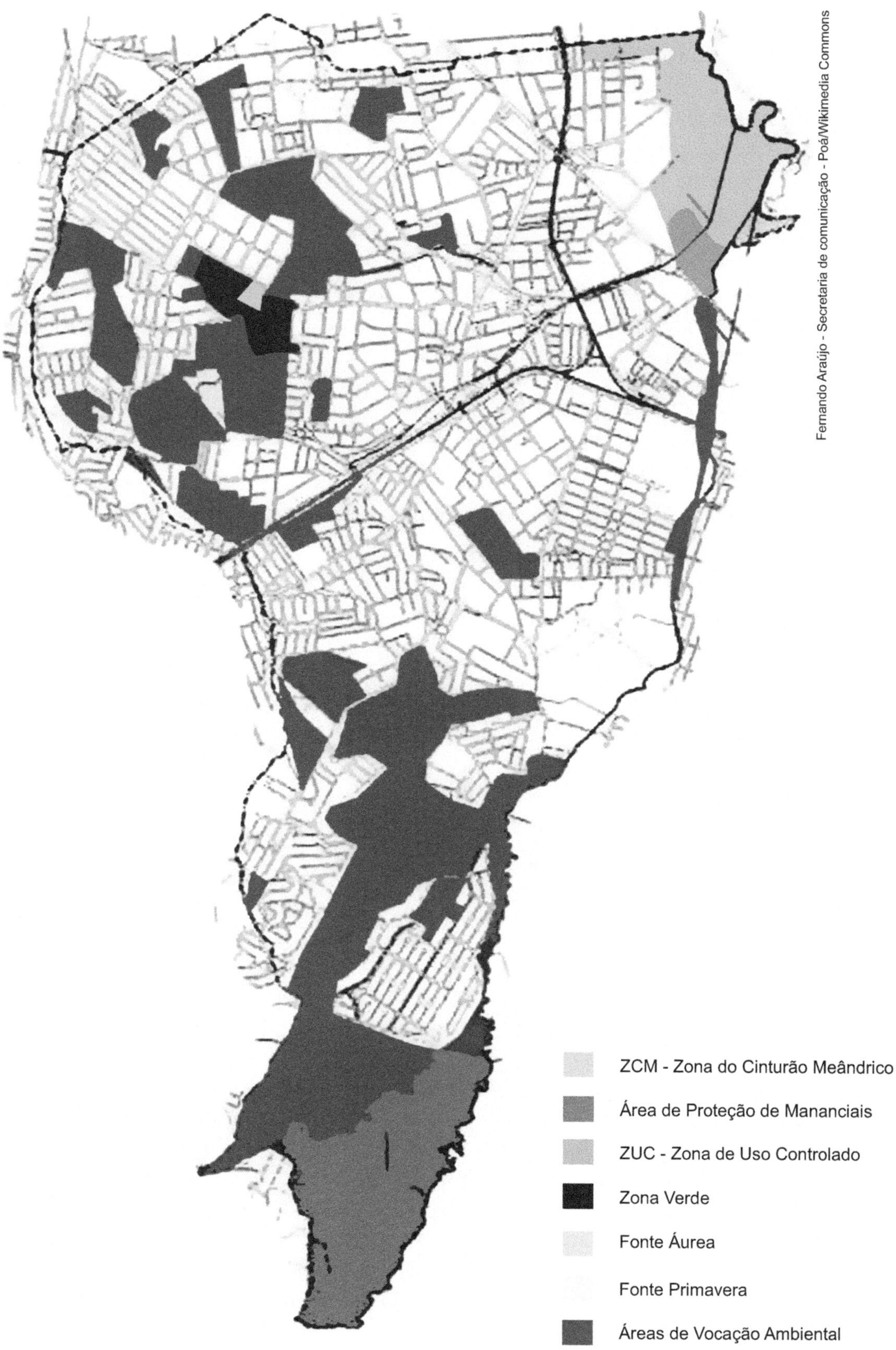

Figura 6.3 - Uso e ocupação do solo de Poá (SP), delimitando áreas de preservação ambiental e de planejamento urbano. Setembro de 2007.

sofreram com a degradação ambiental e a poluição causada pelos resíduos sólidos, decorrentes do crescimento industrial e consumo de massa, impactos que foram sendo reduzidos com a implementação da coleta seletiva, a promoção da reciclagem e de atitudes mais sustentáveis, os programas de gerenciamento de resíduos, o saneamento do meio, a construção de aterros sanitários, o fim dos "lixões", o zoneamento industrial em regiões específicas, a expansão de serviços públicos básicos no manejo de resíduos, tratamento da água e esgoto e o escoamento de águas pluviais. No entanto, em relação aos aspectos ecológicos, qual a contribuição?

A expansão imobiliária e o crescimento demográfico trouxeram muitos impactos negativos nas áreas urbanas, onde os planos diretores de urbanização eram ineficazes ou inexistentes; portanto, espécies animais foram perdendo seus locais de refúgio, a mata nativa foi sendo extraída e a degradação ambiental dos recursos hídricos e do solo foi se tornando cada vez mais acentuada.

No caso de diretrizes para a ocupação adequado do solo, o Estatuto da Cidade (Lei nº 10.257/2001) foi elaborado com esta finalidade, ou seja, regulamentar uma política de desenvolvimento urbano que, aliada a outros aspectos legais, deve atender:

- A prevenção de ocorrência de desastres em encostas e topos de morro, no uso inadequado do solo.
- A proteção das águas superficiais e subterrâneas e, com isso, a prevenção de enchentes, poluição dos recursos hídricos e assoreamento dos rios.
- A manutenção da permeabilidade do solo e da qualidade e quantidade da água.
- A preservação de refúgios e corredores ecológicos para a manutenção de espécies da fauna e da flora, nas proximidades dos perímetros urbanos.
- Melhorias na qualidade de vida, com a redução da poluição do ar e desequilíbrios térmicos (ilhas de calor).

Há também de se atentar à manutenção de APPs urbanas como forma de preservação dos patrimônios naturais, históricos e artísticos, que, além de valorizar os aspectos paisagísticos, têm função social e educativa, por meio da implementação de áreas de lazer e recreação, polos esportivos e de pesquisa científica.

6.6 Áreas degradadas pela mineração

As áreas degradadas pela atividade de mineração estão ligadas à extração de areia, argila, ferro, ouro, carvão, bauxita, entre outros recursos minerais, e seus impactos negativos podem se estender ao solo, mas principalmente aos recursos hídricos em razão do uso de produtos químicos para o beneficiamento dos minérios, contaminando águas subterrâneas e superficiais; mas os impactos não se restringem apenas aos aspectos hidrológicos, já que muitas lavras proporcionam a abertura de túneis subterrâneos e outras escavações para o acesso dos minérios, alterando seu perfil topográfico, depósito de rejeitos e promovendo poluição do ar e sonora, riscos à saúde dos trabalhadores, desmoronamentos, enfim, descaracterizando todo o seu ambiente à sua volta, o que muitas vezes impossibilita sua restauração anterior, permitindo apenas sua recuperação parcial, e geralmente para outros fins.

Para que não se chegue a esse cenário, é necessário que se desenvolva um programa prévio de recuperação ambiental, de preferência, de forma simultânea à extração, o que geralmente não acontece, sendo mais comum a implementação após a desativação da lavra, o que não constituiria nenhum problema se os termos ajustados entre o minerador, os poderes públicos e a comunidade fossem rigidamente cumpridos.

Por isso, é de essencial importância a elaboração do EIA e do RIMA, devendo o PRAD ser incorporado nesses documentos de AIA, a fim de, que, se o minerador não adequar comprovadamente suas atividades às exigências legais, não lhe seja concedido o devido licenciamento ambiental, regulado pela Resolução Conama nº 9, de 06 de dezembro de 1990.

Há muitos aspectos técnicos de prevenção ambiental e na questão de segurança na produção minerária, e a preocupação se estende também ao encerramento das atividades, já que, quando há o tamponamento das bocas de minas ou furos de sonda, deve ser promovido o monitoramento de vazamento de águas ácidas nos receptores hídricos, devendo ser verificadas suas características físico-químicas, para seu descarte ou caracterizado como passivo ambiental dos empreendedores, pois terão que dar uma destinação ambientalmente adequada e conforme os aspectos legais vigentes.

6.7 Assoreamento

O assoreamento é o processo de acúmulo de rejeitos, entulhos, lixo, detritos, entre outros materiais no fundo dos receptores hídricos, e ao contrário do que se pensa, não é o maior responsável pela "morte" dos rios, uma vez que a dispersão de esgotos sanitários e industriais exercem esse tipo de impacto negativo, com maior potencialidade.

Então, qual o porquê da realização de dragagem, se não é causado impacto ambiental?

Pelo contrário, o assoreamento causa impactos ambientais sim, mas de outras naturezas, ou seja, afetando a navegabilidade e o transbordamento em épocas de chuvas, já que este processo interfere na topografia dos leitos; porém, não só impactos sociais o assoreamento pode ocasionar; como temos observado, de uma maneira ou outra, as ações antrópicas sempre provocam alguma alteração significativa no meio ambiente. Portanto, há também aspectos ecológicos a serem considerados.

É importante saber que os ecossistemas relevantes para a natureza existem em várias regiões específicas, próximos aos leitos de rios e lagos também; com otransbordamento da água, tal processo pode causar impactos significativos, dependendo do nível de assoreamento nos receptores, como:

- » Elevação do fundo, com a diminuição da lâmina d'água e, com isso, o aumento do aquecimento da água.
- » Alteração das correntes hídricas (fluxo e circulação), atingindo a vegetação de manguezais e interferindo nas zonas pesqueiras.
- » Diminuição da taxa de oxigênio dissolvido na água, em virtude da ausência de raios solares (barreira) para a fotossíntese da biota presente.

Quanto à "morte" dos rios, essa regra não cabe a outros tipos de receptores, como os lagos, que nesses casos específicos podem sofrer degradação ambiental irreversível, pois não possuem o mesmo ciclo hidrológico dos primeiros, nos quais há um escoamento contínuo de materiais indesejáveis em seu corpo, em razão de o fluxo das águas sempre se dirigir ao mar.

Figura 6.4 - Assoreamento? Não, este não é o único problema do Rio Tietê, que também sofre com os impactos gerados pela poluição.

6.8 Matas ciliares

Entendem-se como matas ciliares, ou galerias, qualquer formação vegetal natural situada às margens de cursos d'água, como córregos, ribeirões ou rios, além das que rodeiam lagos e lagoas, sendo importante para o equilíbrio ecológico principalmente em regiões com vasta mata nativa, como as localizadas em áreas de preservação permanente.

A sua preservação contribui inclusive para a proteção de nascentes, pois reduz o processo de assoreamento, a estabilização térmica das águas e o fornecimento de alimento às espécies locais, principalmente a ictiofauna; ainda serve como fonte de abrigo e corredor ecológico, facilitando o fluxo gênico entre as espécies animais, assim como acasalamento para sua reprodução.

As principais causas do desaparecimento de matas ciliares são decorrentes da ação humana, como corte raso de sua vegetação (desmatamento), utilização como pastagens, queimadas para a "limpeza" do solo, sem considerar os graves desequilíbrios ecológicos que podem causar, como erosão, queda do nível de volume da água e perda significativa da biodiversidade, considerando que ela está presente em biomas importantíssimos, como o Pantanal, Mata Atlântica e a Floresta Amazônica, sendo importante que projetos de restauração sejam implantados para sua estabilização ambiental e principalmente a fiscalização nas APPs para a sua manutenção.

6.9 Restinga e manguezais

Importantes para a preservação de ecossistemas e pelos seus valores paisagísticos e comerciais, as restingas e os manguezais estão localizados em regiões litorâneas do país.

A restinga é uma faixa arenosa, resultado do movimento das águas, com coberturas herbáceas. De acordo com o Código Florestal, é considerada área de preservação permanente (APP), sendo localizadas na Bahia, no Espírito Santo, em Minas Gerais e em São Paulo; sua importância para o meio ambiente é incontestável, pois mantém o nível de água no solo e a preservação de seus nutrientes, evita a ocorrência de erosões e funciona como local de refúgios de aves migratórias, além de sua beleza em forma de mosaico, que é um atrativo para a manutenção do turismo.

Outra característica muito importante é que a restinga também é responsável pela preservação dos manguezais e essencial para o equilíbrio ecológico nas regiões litorâneas; encontrados desde o Amapá até Santa Catarina, os manguezais são constituídos por terras alagadas e o seu solo úmido, e salino e arenoso é rico em compostos orgânicos, com presença de arbustos e plantas em sua vegetação.O mangue abriga diversas espécies conhecidas da fauna, como lontra, sagui, peixe-boi marinho, cobra, crocodilo, lagarto, tartaruga e o seu mais famoso habitante, o caranguejo.

Wikimedia Commons/Digasalinas

Figura 6.5 - Caranguejo dos manguezais de Salinas da Margarida (BA): a espécie mais famosa do manguezal é fonte de renda e de alimento em muitas regiões pobres do país, ou seja, além dos aspectos ecológicos, o ecossistema tem valor comercial e social.

Os impactos sobre as restingas e sobre os manguezais são muito semelhantes, até pelo fato de suas localizações geográficas serem próximas. A expansão imobiliária desordenada e a poluição causada pelo turismo são os fatores a serem corrigidos para a sua preservação. Outro aspecto a ser abordado é que, se as previsões do aumento do nível de oceanos se confirmarem nos próximos anos, devido ao aquecimento global, ambos os ecossistemas correriam ameaças reais de extinção.

6.10 Emergências ambientais

Os impactos ambientais negativos podem ser ocasionados de várias formas, como verificamos no decorrer deste livro, e na implementação de todo o projeto dos empreendimentos e atividades potencialmente impactantes, as avaliações, estudos e análises devem prever a possibilidade de acidentes em seus escopos e, com isso, se antecipar para dar uma resposta imediata às suas consequências.

Os acidentes ambientais são acontecimentos inesperados que podem causar danos ao meio ambiente e à saúde pública, e em relação à segurança física dos seres vivos e do patrimônio, vimos o quanto isso pode ser trágico e doloroso para suas vítimas, vide o assunto abordado no Capítulo 1 (Riscos Ambientais); além dos acidentes ocasionados por falhas humanas, tecnológicas e operacionais, também devem ser previstos os eventos adversos causados por fenômenos da natureza (vulcões, raios, ciclones, chuvas tropicais etc.), principalmente em regiões onde a incidência é grande.

Os danos causados por acidentes ambientais podem ocorrer direta ou indiretamente, e seus casos mais graves envolvem geralmente produtos perigosos, muitos originados de indústrias químicas e com propriedades tóxicas e reativas ao meio ambiente, podendo causar incêndios, explosões, intoxicação em massa, vítimas fatais e mortandade de espécies inteiras de ecossistemas. A gravidade do acidente dependerá de vários fatores, como a característica e a quantidade dos produtos, as condições climáticas e a estrutura biótica do local, podendo ser atenuada ou acrescida em suas consequências, se não houver uma pronta resposta ao acontecimento.

Como combater tais emergências ambientais? Por meio da prevenção e do combate rápido destes acidentes, assim como é realizado pelos orgãos militares dos Corpos de Bombeiros e da Defesa Civil, que, além de servirem como suporte ao atendimento de sinistros causados por incêndios e catástrofes naturais, também são as forças operacionais que auxiliam os órgãos ambientais, visto que os acidentes ambientais costumam ter dimensões enormes em suas ocorrências e, portanto, necessitam de apoio especializado para a extinção de seus efeitos, socorro a vítimas e até mesmo o deslocamento de populações nos casos mais graves.

6.10.1 Decreto nº 5.098/2004 (P2R2)

Assim como na maioria dos instrumentos que envolvem a gestão ambiental, as diretrizes para o atendimento aos acidentes ambientais possuem uma lei reguladora, que é o Decreto nº 5.098/2004, que dispõe sobre a criação do Plano Nacional e Resposta Rápida a Emergências Ambientais (P2R2) e tem como objetivo a prevenção de acidentes com produtos químicos perigosos e, principalmente, a elaboração de um sistema de pronta resposta em caso de emergências.

Para o alcance desse objetivo, o P2R2 é articulado pelo MMA e conta com a participação de outras esferas do governo, do setor privado e da sociedade civil. De acordo com o que diz seu escopo, é embasado em princípios do Direito Ambiental, a saber:

- Princípio da informação: é o direito do cidadão a todas as informações que julgar necessárias sobre os aspectos ambientais (fatores de risco, descrição de suas características, aspectos legais etc.);
- Princípio da participação: é a participação da sociedade civil nas questões ambientais por meio de audiências públicas, pela educação ambiental e outros instrumentos ambientais;
- Princípio da prevenção: é a possibilidade real dos riscos, mediante a lógica científica dos fatos e probabilidades, ou seja, seu nexo causal;
- Princípio da precaução: é o afastamento do perigo para a segurança do meio ambiente, e com isso, a garantia de seus recursos às gerações futuras;
- Princípio da reparação: baseia-se na necessidade de que todo aquele que degrade de qualquer forma o meio ambiente repare o dano;
- Princípio do poluidor-pagador: tal princípio se baseia na necessidade da reparação dos danos causados por quem polui.

De acordo com o 3º artigo do P2R2, as diretrizes estratégicas para a sua implementação são:

> I - elaboração e constante atualização de planejamento preventivo que evite a ocorrência de acidentes com produtos químicos perigosos;
>
> II - identificação dos aspectos legais e organizacionais pertinentes a tais ocorrências;
>
> III - criação e operação de estrutura organizacional adequada ao cumprimento das metas e dos objetivos estabelecidos no P2R2;
>
> IV-estímulo à adoção de soluções inovadoras que assegurem a plena integração de esforços entre o poder público e a sociedade civil, especialmente no âmbito dos Estados e Municípios;
>
> V - definição das responsabilidades respectivas do poder público e dos setores privados em casos de acidentes com produtos químicos perigosos, e dos compromissos a serem assumidos pelas partes de proteger o meio ambiente e a saúde da população;
>
> VI - desenvolvimento e implementação de sistemas de geração e compilação de informações essenciais à execução eficaz do P2R2, integrando as ações de controle (licenciamento e fiscalização) e de atendimento a emergências, com as atividades de produção, armazenamento, transporte e manipulação de produtos químicos perigosos, bem como assegurando ao cidadão o acesso à informação sobre os riscos de acidentes com produtos químicos perigosos;
>
> VII - mobilização de recursos humanos e financeiros apropriados e suficientes para assegurar os níveis de desempenho estabelecidos pelo P2R2;
>
> VIII - fortalecimento da capacidade de gestão ambiental integrada dos órgãos e instituições públicas no âmbito federal, distrital, estadual e municipal, para o desenvolvimento de planos de ações conjuntas, no atendimento a situações emergenciais envolvendo produtos químicos perigosos, estabelecendo seus níveis de competência e otimizando a suficiência de recursos financeiros, humanos ou materiais, no sentido de ampliar a capacidade de resposta;

IX - aperfeiçoamento contínuo do P2R2 por meio de processo sistemático de auditoria e avaliação do desempenho e da revisão periódica das diretrizes, dos objetivos e das metas.

O P2R2 tem como principal diretriz uma estrutura descentralizada em sua operação, na qual ocorrem a integração de suas várias esferas públicas (federal, estadual e municipal), a disponibilização de informações aos profissionais envolvidos com o atendimento de emergências e manejo de produtos químicos perigosos, a captação de recursos humanos e financeiros ea promoção de treinamentos contínuos, para a viabilização do plano.

Os principais instrumentos para o desenvolvimento do plano é a implantação do Sistema Nacional de Informação do Meio Ambiente (Sinima), que visa disponibilizar e atualizar as informações em um sistema nacional de atendimento a emergências, e também do Plano de Ação de Emergência (PAE), que trata do conjunto de ações destinadas para tal; e, claro, é sempre importante que se atente a outras leis e normas similares que - desde que não entrem em conflito com as diretrizes da política nacional –, também sejam observadas para o seu cumprimento legal, como a que regula o transporte de resíduos perigosos. Vamos saber um pouco mais?

6.10.2 Transporte de Resíduos Perigosos

A operação no transporte dos resíduos até a sua destinação final, não exime as empresas industriais da corresponsabilidade dos acidentes que ocorrem em casos de sinistros como derramamento, vazamento ou explosão dos resíduos a serem encaminhados; apesar de essa norma ter sido elaborada para atender a questão de segurança na logística das empresas no envio dos seus processos produtivos, a NBR 13221 é a norma de referência para o transporte de resíduos perigosos, como está especificado em seu objetivo:

> 1.1 Esta Norma especifica os requisitos para o transporte terrestre de resíduos, de modo a evitar danos ao meio ambiente e a proteger a saúde pública.

Entre os vários requisitos que devem ser observados no transporte de resíduos perigosos, é importante que os veículos transportadores possuam em seu interior informações referentes à carga e ao gerador do resíduo, instruções para casos de emergência, telefones de órgãos como a polícia, corpo de bombeiros ou órgão ambiental, e fixados em local visível o símbolo de risco do resíduo e qualquer outra informação de importância que seja útil em caso de acidentes, lembrando que os motoristas desse tipo de transporte devem ser capacitados e autorizados por meio de treinamento e de acordo com as legislações específicas, respectivamente.

É necessário que o responsável pela gestão ambiental ou os profissionais responsáveis pelos setores de segurança do trabalho e logística da empresa verifiquem o cumprimento das documentações inerentes ao transporte de materiais perigosos ou de resíduos não só na esfera federal como também em outros da jurisdição estadual e municipal, como o CADRI (Certificado de Destinação de Resíduos Industriais) junto à CETESB no estado de São Paulo, ou o Manifesto de Resíduos, que é um instrumento de controle mediante o uso de formulário próprio, que permite conhecer e controlar a forma de destinação dada pelo gerador, transportador e receptor de resíduos no estado do Rio de Janeiro.

Amplie seus conhecimentos

Sustentabilidade cívica

O desenvolvimento sustentável deve ir além do cumprimento das leis vigentes. A responsabilidade da utilização racional dos recursos naturais, para evitar a sua escassez e o comprometimento das reservas para as gerações futuras, não deve ser delegada apenas às empresas, potencialmente mais poluidoras e captadoras dos recursos disponíveis, pois é obrigação de toda a sociedade civil ter atitudes ambientalmente corretas e contribuir de forma objetiva para a garantia da vida no planeta e de melhorias da qualidade de vida de todos à sua volta.

É uma prática de cidadania que deve ser compreendida e adotada, desde denúncias a abusos de empreendimentos causadores de impactos ambientais até mudanças de hábitos do dia a dia, que podem ser implementadas por meio de práticas saudáveis e simples, mas que têm a profundidade de ajudar significativamente a biosfera, como:

» Substituir a lâmpada comum pela lâmpada fluorescente, que é mais econômica.

» Imprimir (quando necessário) utilizando os dois versos do papel.

» Não deixar a torneira aberta enquanto escova os dentes.

» Desligar bicos de luzes em cômodos quando não houver ninguém no ambiente.

» Adotar a coleta seletiva do lixo doméstico para envio a empresas de reciclagem.

» Levar sacolas ou ecobag nas compras de supermercados, evitando o uso de sacolas plásticas.

» Utilizar canecas individuais no trabalho em vez de copos plásticos.

» Andar de bicicleta, utilizando veículo automotor apenas quando necessário.

» Plantar árvores principalmente em áreas pouco arborizadas.

Para ler um pouco mais sobre esse assunto, acesse: <http://www.ecofuturo.org.br/premio/blog/show/780>.

Vamos recapitular?

Neste capítulo, foram estudadas as medidas mitigadoras e seus diversos tipos aplicáveis, a recuperação e restauração ambiental, seus objetivos e diferenças, a importância da preservação dos aspectos bióticos nas áreas de preservação permanente e de reserva legal, e também nos centros urbanos; também vimos a necessidade de medidas de recuperação ambiental na atividade de mineração, além de abordarmos os problemas de degradação ambiental envolvendo o assoreamento dos recursos hídricos, matas ciliares, restingas e manguezais, e encerramos com emergências ambientais e transporte de produtos perigosos, assunto importante para a prevenção de acidentes ambientais no meio ambiente e a sociedade em geral.

Agora é com você!

1) Pesquise um projeto de recuperação ambiental, abordando principalmente quais fatores ambientais foram recuperados e os métodos utilizados para o alcance desses resultados.

2) Em sua opinião, é possível uma restauração ambiental de uma área totalmente degradada? Ou só é possível uma recuperação parcial do meio biótico devastado e de seus recursos naturais? Explique, citando exemplos verídicos que tenham sido noticiados na mídia, de projetos de sucesso de recuperação ambiental e de outros que não conseguiram seus objetivos.

3) As poluições atmosférica, sonora e visual são outros exemplos de impactos ambientais negativos, que podem ocorrer na implementação de empreendimentos e atividades impactantes. Descreva que tipos de alteração esses fatores impactantes podem promover negativamente sobre o meio ambiente.

AMBIENTE, Duran. **Conceitos e classificação de UCs.** Disponível em: <http://www.ambienteduran.eng.br/conceitos-e-classificacao-de-ucs> Acesso em: 10 dez. 2013.

BARSANO, P.R.; BARBOSA, R.P. **Meio ambiente:** guia prático e didático. São Paulo: Érica, 2012.

______. **Segurança do trabalho:** guia prático e didático. São Paulo: Érica, 2012.

BRASIL. Ministério do Meio Ambiente. **Documento de Origem Florestal – DOF. Conama.** Disponível em: <https://servicos.ibama.gov.br/index.php/autorizacoes-e-licencas/documento-de-origem-florestal-dof>. Acesso em 21 fev. 2014.

______. Lei nº 6.938, de 31 ago. 1981. Disponível em: <http://www.planalto.gov.br/ccivil_03/leis/l6938.htm>. Acesso em 15 jan. 2014.

______. Lei nº 9.433, de 8 jan. 1997. **Política Nacional de Recursos Hídricos.** Disponível em: <http://www.planalto.gov.br/ccivil_03/LEIS/l9433.htm>. Acesso em 21 jan. 2013.

______. Lei nº 12.187, de 29 dez. 2009. **Política Nacional de Mudanças Climáticas.** Disponível em: <http://www.planalto.gov.br/ccivil_03/_ato2007-2010/2009/lei/l12187.htm>. Acesso em 13 jan. 2013.

______. Lei nº 12.305, de 2 ago. 2010. **Política Nacional de Resíduos Sólidos.** Disponível em: <http://www.mma.gov.br/port/conama/legiabre.cfm?codlegi=636>. Acesso em 27 jan. 2013.

______. **O que é o CONAMA.** Disponível em: <http://www.mma.gov.br/port/conama/estr.cfm>. Acesso em: 20 dez. 2013.

______. **Programa ZEE Brasil.** Disponível em: <http://www.mma.gov.br/gestao-territorial/zoneamento-territorial/item/7531-programa-zee-brasil> Acesso em: 10 dez. 2013

______. **Recuperação de áreas degradadas.** Disponível em: <http://www.mma.gov.br/florestas/programa-nacional-de-florestas/item/8705-recupera%C3%A7%C3%A3o-de-%C3%A1reas-degradadas > Acesso em: 15 fev. 2014

______. Resolução Conama nº 001, de 23 de janeiro de 1986. Disponível em: <http://www.mma.gov.br/port/conama/res/res86/res0186.html> Acesso em: 10 fev. 2014.

______. Resolução Conama nº 237, de 19 de dezembro de 1997. Disponível em: <http://www.mma.gov.br/port/conama/legiabre.cfm?codlegi=237> Acesso em 15 dez. 2013.

______. Resolução Conama nº 379, de 19 out. 2006. Disponível em: <http://www.mma.gov.br/port/conama/legiabre.cfm?codlegi=511>. Acesso em 13 jan. 2014.

______. **Sistema Nacional de Meio Ambiente.** Disponível em: <http://www.mma.gov.br/governanca-ambiental/sistema-nacional-do-meio-ambiente>. Acesso em 20 dez. 2013.

BRASIL. Presidência da República. Decreto nº 5.975, de 30 nov. 2006. Disponível em: <http://www.planalto.gov.br/ccivil_03/_Ato2004-2006/2006/Decreto/D5975.htm>. Acesso em 3 fev. 2014.

BRASIL. Presidência da República. Lei nº 6.803, de 2 jul. 1980. Disponível em: <http://www.planalto.gov.br/ccivil_03/leis/L6803.htm>. Acesso em 5 fev. 2014.

BRASIL. Presidência da República. Lei nº 12.615, de 25 de maio de 2012. Dispõe sobre a proteção da vegetação nativa. Disponível em <http://www.planalto.gov.br/ccivil_03/_ato2011-2014/2012/lei/l12651.htm>. Acesso em 14 fev. 2014.

BRASIL. Senado Federal. **Em discussão do ecodesenvolvimento ao conceito de desenvolvimento sustentável.** Disponível em: <http://www.senado.gov.br/noticias/Jornal/emdiscussao/rio20/temas-em-discussao-na-rio20/ecodesenvolvimento-conceito-desenvolvimento-sustentavel-relatorio-brundtland-onu-crescimento-economico-pobreza-consumo-energia-recursos-ambientais-poluicao.aspx>. Acesso em 20 de nov. de 2013.

DIÁRIO DAS LEIS. Portaria nº 160 de 19 de maio de 2009. Portal de legislação. Disponível em: <http://www.diariodasleis.com.br/busca/exibelink.php?numlink=211075>. Acesso em 21 dez. 2013.

DIAS, R. **Gestão ambiental:** responsabilidade social e sustentabilidade. São Paulo: Atlas, 2007.

FARIAS, T.Q. **Avaliação de impactos ambientais *versus* estudo prévio de impactos ambientais. Âmbito jurídico.** Disponível em: <http://www.ambito-juridico.com.br/site/index.php?n_link=revista_artigos_leitura&artigo_id=3788>. Acesso em 9 fev. 2014.

FUNDAÇÃO ESTADUAL DO MEIO AMBIENTE. **Formato para apresentação de Estudo de Impacto Ambiental (EIA) e respectivo Relatório de Impacto Ambiental (RIMA) de sistemas de tratamento e disposição final de resíduos sólidos.** Disponível em <http://www.feam.br/images/stories/arquivos/tr/eia_rima_lixo001.pdf>. Acesso em 3 fev. 2014.

INTERNATIONAL ASSOCIATION FOR IMPACT ASSESSMENT. **Princípios da melhor prática em avaliação do impacto ambiental.** Disponível em: <http://www.iaia.org/publicdocuments/special-publications/AIA_Principios_v0.pdf>. Acesso em 18 fev. 2014.

LEITE, Rubens Morato. **Dano ambiental:** do individual ao coletivo extrapatrimonial. São Paulo: Revista dos Tribunais, 2000.

LENZA, Pedro. **Direito Ambiental Esquematizado.** São Paulo: Saraiva, 2013.

MASTER AMBIENTAL. **Relatório Ambiental Preliminar - RAP.** Disponível em: <http://www.masterambiental.com.br/consultoria-ambiental/rap-relatorio-ambiental-preliminar>. Acesso em 10 fev. 2014.

MAZZUOLI, Valério de Oliveira. **Curso de Direito Internacional Público.** São Paulo: Revista dos Tribunais, 2010.

MILARÉ, Edis. **Direito do ambiente.** 3. ed. São Paulo: Revista dos Tribunais, 2004.

MIRRA, A.L.V. **Princípios do Direito Ambiental.** Disponível em: <http://www.direitoambiental.adv.br/ambiental.qps/Ref/PAIA-6SRNQ8> Acesso em 20 dez. 2013.

MOREIRA, Iara Verocai Dias. **Vocabulário básico de meio ambiente.** Rio de Janeiro: Fundação Estadual de Engenharia do Meio Ambiente, 1990.

PERNAMBUCANO, NETINHO. **Principais tipos de impactos ambientais. Geoblografia.** Disponível em: <http://geoblografia.blogspot.com.br/2010/10/principais-tipos-de-impacto-ambiental_22.html>. Acesso em 10 fev. 2014.

REDES DAS ÁGUAS. **Outorga. S.O.S. Mata Atlântica.** Disponível em: <http://www.rededasaguas.org.br/instrumentos-gestao/outorga-licenca/>. Acesso em 17 fev. 2014.

RUSCHEL, Caroline. **Questionamentos sobre o Ecocentrismo.** Outubro de 2007. Ambiente Pleno. Disponível em: <http://ambientepleno.com.br/main_online_frame.php?home=artigos&secao=1&page=/main_artigos_index.php?PID=160109>. Acesso em 15 dez. 2014.

SERVIÇO BRASILEIRO DE APOIO ÀS MICRO E PEQUENAS EMPRESAS. **Manual de Licenciamento Ambiental.** Firjan, mar. 2004. Disponível em: <http://www.mma.gov.br/estruturas/sqa_pnla/_arquivos/cart_sebrae.pdf> Acesso em 20 fev. 2014.

SILVA, J.A. **Direito ambiental constitucional**. 5. ed. São Paulo: Malheiros, 2004.

SILVA, T.C. **O meio ambiente na Constituição Federal de 1988**. Disponível em: <http://www.oab.org.br/editora/revista/revista_08/anexos/o_meio_ambiente_na_constituicao_federal.pdf>. Acesso em 15 dez. 2013.

SILVEIRA, A. **Proteção integral.** WWF Brasil. Disponível em: <http://www.wwf.org.br/natureza_brasileira/questoes_ambientais/unid/protint/> Acesso em 10 dez. 2013.

TELLES, Oscar. **Projeto inclui avaliação ambiental estratégica na política de meio ambiente.** Câmara dos Deputados. 17 maio 2013. Disponível em: <http://www2.camara.leg.br/camaranoticias/noticias/MEIO-AMBIENTE/442697-PROJETO-INCLUI-AVALIACAO-AMBIENTAL--ESTRATEGICA-NA-POLITICA-DE-MEIO-AMBIENTE.html>. Acesso em 26 jan. 2014.

URSAIA, G.C. **Novo Código Florestal e os reflexos nos Termos de Ajustamento de Conduta. Ambiente Legal.** Disponível em: <http://www.ambientelegal.com.br/novo-codigo-florestal-e-os--reflexos-nos-termos-de-ajustamento-de-conduta/>. Acesso em 15 fev. 2014.

VARJABEDIAN, R. **Lei da Mata Atlântica:** retrocesso ambiental. Scielo. Disponível em: <http://www.scielo.br/scielo.php?script=sci_arttext&pid=S0103-40142010000100013> Acesso em 20 dez. 2013.

WWF. **O que são matas ciliares?** Disponível em: <http://www.wwf.org.br/natureza_brasileira/questoes_ambientais/matas_ciliares/>. Acesso em 2 fev. 2014.

Glossário

A

Águas pluviais: são águas decorrentes das chuvas.

Aspecto ambiental: são elementos das atividades, dos produtos ou dos serviços de uma organização que podem interagir com o meio ambiente.

Aquecimento global: uma consequência das alterações climáticas ocorridas no planeta.

Aquíferos: formação ou grupo de formações geológicas que pode armazenar água subterrânea.

B

Biodiversidade: diversidade biológica na totalidade; variedade de formas de vida que podemos encontrar na Terra (plantas, aves, mamíferos, insetos, microrganismos).

Biosfera: conjunto de todos os ecossistemas da Terra.

Biota: conjunto de seres vivos de um ecossistema, o que inclui a flora, a fauna, os fungos e outros grupos de organismos.

C

Camada de ozônio: responsável por filtrar os raios ultravioleta emitidos pelo Sol.

Certificado ambiental: mecanismo de comunicação com o mercado sobre os aspectos ambientais de uma empresa de recursos, com o objetivo de diferenciá-lo de outras indústrias.

Chorume: líquido poluente, de cor escura e odor nauseante, originado de processos biológicos, químicos e físicos da decomposição de resíduos orgânicos.

Chuva ácida: designação dada à chuva cuja acidez seja maior do que a resultante da dissociação do dióxido de carbono (CO_2) atmosférico dissolvido na água precipitada.

Ciclo do produto: é a história completa do produto, incluindo suas fases de concepção, definição, produção, operação e obsolescência.

Coleta seletiva: recolhimento de materiais cuja reciclagem é possível, desde que previamente separados na fonte geradora.

Comitês de bacia: são criados para gerenciar o uso dos recursos hídricos de forma integrada e descentralizada, com a participação da sociedade.

Créditos de carbono: também chamados de Reduções Certificadas de Emissões (RCEs), são certificados emitidos para um agente que reduziu a sua emissão de gases do efeito estufa (GEE).

Crime ambiental: ato que viola e contraria as leis impostas pelos governos acerca do meio ambiente.

D

Degradação ambiental: poluição (deterioração, estrago) das condições ambientais, do habitat de uma coletividade humana.

Desenvolvimento sustentável: desenvolvimento capaz de suprir as necessidades da geração atual sem comprometer as necessidades das gerações futuras.

Desertificação: processo de destruição do potencial produtivo da terra nas regiões de clima árido, semiárido e subúmido seco.

Desflorestamento: também chamado de desmatamento, é o processo de desaparecimento de massas florestais, fundamentalmente causado pela atividade humana.

Dióxido de carbono: gás atmosférico cuja molécula é formada por um átomo de carbono e dois de oxigênio.

Diversidade biológica: diversidade da natureza viva.

E

Ecodesenvolvimento: conjunto de práticas que estimulam o desenvolvimento global, reforçando a atenção a questões ambientais, sociais e econômicas.

Ecologia: ciência que estuda as interações dos organismos com o seu ambiente.

Ecossistema: conjunto de todas as relações entre fauna, flora e o meio ambiente de determinada região.

Efeito estufa: processo que ocorre quando uma parte da radiação infravermelha emitida pela superfície terrestre é absorvida por determinados gases presentes na atmosfera.

Erosão: processo de deslocamento de terra ou de rochas de uma superfície.

Escopo: finalidade, alvo, intento, propósito.

Equilíbrio ecológico: estado ou condição de um ambiente natural, ou manejado pelo homem, em que ocorrem relações harmoniosas entre os organismos vivos e entre estes e o meio ambiente.

F

Fauna: conjunto das espécies animais.

Flora: conjunto de plantas características de uma região.

G

Gás clorofluorcarbono: gás CFC, utilizado em aerossóis, isolantes, geladeiras e ares-condicionados e que representa uma ameaça à camada de ozônio.

Gestão ambiental: administração do exercício de atividades econômicas e sociais de forma a utilizar de maneira racional os recursos naturais, renováveis ou não.

Greenpeace: organização não governamental com sede em Amsterdã, e que efetua militância ecológica no mundo todo.

H

Habitat: lugar na natureza onde uma espécie vive.

Hidrocarboneto: composto químico constituído essencialmente por átomos de carbono e de hidrogênio.

I

Ilhas de calor: diferença de temperatura nos vários pontos ou locais da cidade, em que a temperatura é sempre mais elevada no centro das cidades do que nos bairros e na periferia.

Impacto ambiental: alteração no meio ambiente ou em algum de seus componentes por determinada ação ou atividade humana.

Inversão térmica: fenômeno climático que ocorre principalmente nos grandes centros urbanos, regiões onde o nível de poluição é muito elevado.

ISO 14000: série de normas desenvolvidas pela International Organization for Standardization (ISO) que estabelece diretrizes sobre a área de gestão ambiental dentro de empresas.

K

Kyoto: cidade japonesa onde foi firmado o Protocolo de Kyoto, para estabelecer acordo internacional entre nações para redução de gases de efeito estufa.

L

Lençóis freáticos: são lençóis subterrâneos de água.

Licença de instalação: é concedida após a aprovação da licença prévia, com todos os requisitos atendidos para o projeto proposto.

Licença prévia: licença concedida na preliminar de planejamento, uma vez cumpridos os requisitos básicos a serem atendidos durante a localização, instalação e operação.

Licenciamento ambiental: obrigação legal prévia à instalação de qualquer empreendimento ou atividade potencialmente poluidora ou degradadora do meio ambiente.

Licença de operação: licença necessária para o início das atividades do empreendimento, após as verificações do cumprimento dos requisitos condicionantes previstos na licença de instalação por órgão responsável.

Logística reversa: é a realização de ações que permitam recuperar os materiais poluidores de volta para os fabricantes originais dos produtos.

M

Meio ambiente: conjunto de condições, leis, influências e interações de ordem física, química e biológica, que permite, abriga e rege a vida em todas as suas formas.

Mercado de carbono: sistema regulamentado de comércio, entre empresas ou outras instituições, de créditos correspondentes a reduções certificadas da emissão de gases de efeito estufa, visando facilitar o alcance de metas empresariais, regionais, nacionais ou globais de redução da emissão desses gases.

Mecanismos para o desenvolvimento limpo: um dos mecanismos de flexibilização criados pelo Protocolo de Kyoto para auxiliar o processo de redução de emissões de gases do efeito estufa (GEE) ou de captura de carbono.

Mudanças climáticas: variação do clima em escala global ou dos climas regionais da Terra ao longo do tempo.

O

Objetivo ambiental: propósito ambiental global, decorrente da política ambiental, que uma organização se propõe a atingir, sendo quantificado sempre que exequível.

Organização: companhia, corporação, firma, empresa ou instituição, ou parte ou combinação destas, pública ou privada, sociedade anônima, limitada ou com outra forma estatutária, que tem funções e estrutura administrativa própria.

P

Pacto global: iniciativa proposta pela Organização das Nações Unidas para encorajar empresas a adotar políticas de responsabilidade social corporativa e sustentabilidade.

Política ambiental: modelo adotado por um governo ou empresa para relacionar- -se com o meio ambiente.

Poluentes orgânicos persistentes: 12 substâncias mais tóxicas que foram banidas no Tratado de Estocolmo, 2001.

Produção mais limpa: aplicação contínua de uma estratégia econômica, ambiental e tecnológica integrada aos processos e produtos, a fim de aumentar a eficiência no uso de matérias-primas, água e energia, por meio da não geração, minimização ou reciclagem de resíduos gerados.

Protocolo verde: carta de princípios para o desenvolvimento sustentável firmada por bancos oficiais em 1995.

Q

Qualidade ambiental: estado das condições do meio ambiente expressas em termos de indicadores ou índices relacionados aos padrões de qualidade ambiental.

R

Reciclagem: conjunto de técnicas que têm por finalidade aproveitar os detritos e reutilizá-los no ciclo de produção de que saíram.

Recursos energéticos: são todos aqueles recursos que direta ou indiretamente originam ou acumulam energia.

Rejeitos: sobras ou restos excedentes de processo produtivo, não aproveitáveis, indesejados e desprovidos de valor.

Reserva legal: área localizada no interior de uma propriedade ou posse rural.

Resíduos: sobras ou restos excedentes do processo produtivo ou de consumo, que podem ser reutilizados ou reciclados.

Responsabilidade compartilhada: instrumento jurídico no qual os fabricantes, importadores, distribuidores, comerciantes, consumidores e titulares dos serviços de limpeza são responsáveis pelo ciclo da vida dos produtos.

S

Saneamento: conjunto de medidas, visando a preservar ou modificar as condições do meio ambiente, com a finalidade de prevenir doenças e promover a saúde.

Sistema de gestão ambiental: parte do sistema de gestão global que inclui atividades de planejamento, responsabilidades, práticas, procedimentos, processos e recursos para desenvolver, implementar, atingir, analisar criticamente e manter a política ambiental.

Sustentabilidade: característica ou condição de um processo ou de um sistema que permite a sua permanência, em certo nível, por um determinado prazo.

Z

Zoneamento ambiental: tem por objetivo regular o uso e a ocupação do solo, estabelecendo a divisão do território em parcelas, nas quais pode ser autorizada ou vetada, total ou parcialmente, a realização de determinadas atividades.